学会生气后，
我再也不精神内耗了

［英］威廉·戴维斯（William Davies） / 著
王文佳 邹明菁 屈笛扬 / 译

原书第2版

OVERCOMING ANGER AND IRRITABILITY
A Self-Help Guide Using Cognitive Behavioural Techniques（2nd Edition）

机械工业出版社
CHINA MACHINE PRESS

William Davies. Overcoming Anger and Irritability: A Self-Help Guide Using Cognitive Behavioural Techniques, 2nd Edition.

Copyright © 2016 by William Davies.

Simplified Chinese Translation Copyright © 2025 by China Machine Press.

This edition arranged with Constable & Robinson LTD. through Big Apple Agency Inc., Labuan, Malaysia. This edition is authorized for sale in the Chinese mainland (excluding Hong Kong SAR, Macao SAR and Taiwan).

No part of this book may be reproduced or transmitted in any form or by any means, electronic or mechanical, including photocopying, recording or any information storage and retrieval system, without permission, in writing, from the publisher. All rights reserved.

本书中文简体字版由 Constable & Robinson LTD. 通过 Big Apple Agency Inc. 授权机械工业出版社仅在中国大陆地区（不包括香港、澳门特别行政区及台湾地区）独家出版发行。未经出版者书面许可，不得以任何方式抄袭、复制或节录本书中的任何部分。

北京市版权局著作权合同登记　图字：01-2024-2558 号。

图书在版编目（CIP）数据

学会生气后，我再也不精神内耗了：原书第 2 版 /（英）威廉·戴维斯（William Davies）著；王文佳，邹明菁，屈笛扬译 . -- 北京：机械工业出版社，2025.5.

ISBN 978-7-111-78121-9

Ⅰ. B842.6-49

中国国家版本馆 CIP 数据核字第 2025R8R072 号

机械工业出版社（北京市百万庄大街 22 号　邮政编码 100037）
策划编辑：刘利英　　　　　　　　　责任编辑：刘利英
责任校对：王文凭　李可意　景　飞　责任印制：张　博
北京机工印刷厂有限公司印刷
2025 年 8 月第 1 版第 1 次印刷
147mm×210mm・9 印张・1 插页・183 千字
标准书号：ISBN 978-7-111-78121-9
定价：69.00 元

电话服务　　　　　　　　　　网络服务
客服电话：010-88361066　　　机　工　官　网：www.cmpbook.com
　　　　　010-88379833　　　机　工　官　博：weibo.com/cmp1952
　　　　　010-68326294　　　金　书　网：www.golden-book.com
封底无防伪标均为盗版　　　　机工教育服务网：www.cmpedu.com

给菲莉帕

致　谢

与其说是致谢，不如说是致敬。谨此致敬那些为本书所依据的心理治疗疗法做出巨大贡献的研究者：特别是 B. F. 斯金纳、阿伦·贝克、阿尔伯特·埃利斯、克里斯蒂娜·帕德斯基和玛莎·莱恩汉。同时感谢另一位重要的人物——尼尔·弗鲁德。我们共著《阻止面对面的暴力》(*Preventing Face-to-Face Violence*)一书，其中尼尔·弗鲁德提出了"刺激、成本、越界"的概念。万分感激尼尔·弗鲁德在既往合作中，在本书的核心模型上所做的突出贡献。与此同时，他还创建了"阅读疗愈"概念，并推动了英国的"处方书"计划。很骄傲地说，本书也是该计划的认可书目之一。再向研究"愤怒"的领军人雷蒙德·诺瓦科致敬！他为本书的初版提供了有趣且有价值的反馈。向我的患者们致敬，他们为我提供了大量案例材料！同时，他们也很有幽默感，常常用好玩的方式来努力解决自己的困境。重中之重，献给我的妻子菲莉帕。本书中的大量事件以她为原型（"是我烦躁还是你烦人"），但她却能够欣然接受、毫不介意。致敬她在阅读本书的过程中提出的宝贵意见！最后，致敬鲁宾逊公司的安德鲁·麦卡利尔。他促成了本书第 2 版的出版。也是他容忍了我的拖稿，既没有"愤怒"，也没有"烦躁"。再次真心地感谢你们。

Overcoming
Anger And Irritability

目 录

致谢

第一部分　了解发生了什么

第 1 章　什么是烦躁和愤怒　/2

第 2 章　敌意、攻击和暴力　/16

第 3 章　什么让我们愤怒　/26

第 4 章　没有人会永远愤怒　/32

第 5 章　烦躁和愤怒是如何产生的　/38

第 6 章　为什么别人不会因为同样的
　　　　 事情而感到愤怒　/46

第 7 章　为什么同一件事，有些人不会感到烦躁　/53

第 8 章　为什么我有时比其他时候更烦躁　/64

第 9 章　愤怒的目的是什么　/70

第二部分　解决问题

第 10 章　了解愤怒的原因　/81

第 11 章　我为什么会愤怒 1　/95

第 12 章　处理你的思维错误　/106

第 13 章　给自己一些好建议　/123

第 14 章　我为什么会愤怒 2　/128

第 15 章　如何恰当地处理愤怒　/147

第 16 章　为什么爱钻牛角尖很危险　/156

第 17 章　用正念来减少愤怒　/160

第 18 章　增强真实的自我　/165

第 19 章　如何控制你的愤怒　/171

第 20 章　我们为什么会烦躁和愤怒，我们能对此做些什么　/181

第 21 章　如何做出理想的反应　/190

第 22 章　愤怒时大脑中发生了什么　/199

第 23 章　"我并不总是烦躁，只是偶尔如此"　/205

第三部分　实践应用

第 24 章　个案分析　/235

第 25 章　亡羊补牢，犹未为晚　/245

第 26 章　学以致用　/253

第 27 章　检修指南　/256

祝你好运　/263

附录　/265

相关资源　/278

Overcoming
Anger And Irritability

第一部分

了解发生了什么

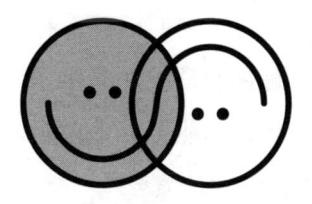

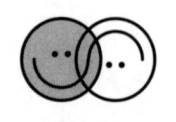

第 1 章

什么是烦躁和愤怒

愤怒和烦躁天生一对,它们相互依存又单独存在,也可以和其他感受并存,了解它们是一件非常重要的事情。如果我们知道自己面对的是什么,就能更好地应对。接下来,让我们从更简单的那一个开始,也就是愤怒。

"愤怒"特别有趣,它通常被认为是"消极"情绪中特别的存在。对部分人来说,它有积极的作用。这是因为当我们非常愤怒时,还能感到自己:

(1)很有活力。
(2)精神充沛。
(3)完全有理!

但愤怒也是一种相当危险的情绪，因为它会严重干扰我们的判断，所以"冲动"时我们往往坚信自己是正确的，过后才发现事实并非如此。而且，人们不喜欢看到别人发火，因为这会让他们感到不安甚至是害怕。很显然，愤怒不利于建立轻松的、积极的人际关系！

愤怒时，人们会盲目坚信自己是正确的。举个例子，我在工作中接触过一些因杀害妻子而入狱的杀人犯。当他们痛下杀手时，他们往往下定了决心并相信这么做是对的。事后，他们却无法面对自己的所作所为，也无法相信自己曾经坚信"这么做没错"。而且，漫长的监狱生活中，他们甚至会思念自己的妻子来获取一点儿安慰。

你可能会觉得，你和他们完全不是一类人。但恐怕并非如此。事件发生之前，他们大部分都是普通人，和其他人没有什么区别。我们经常听到他们的朋友和邻居说："我不敢相信他会做这种事。"

这是愤怒可能导致的极端结果，但在日常生活中，愤怒造成的结果往往也与我们的希望和计划相悖。看看下面的例子：

> 周三晚上，我和妻子以及两个孩子前往镇上的一家意大利餐厅吃饭。晚上 8 点左右，我们把车停在了后街上，到餐厅享用了一顿美食。这是我们第一次去这家餐厅。一家人欢声笑语，很是开心。我们甚至还有心情开玩笑，讨论地毯的厚度和新旧。总之，我们一起度过了愉快的晚餐时光。

大概9点半到10点，我们刚转过街角，走向停车处，就听到了巨大的撞击声，混合着类似玻璃破碎的声音。只是它比打碎普通玻璃的声音更剧烈、更大声。我们看向街上，发现有一个人把头从副驾驶窗户伸入我们的车子里，还有一个人站在他旁边。我一时之间愣住了，随后才意识到刚刚是车窗破裂的声音，而这两个人正在偷我的车载音响。当时，一种复杂的感觉快速席卷了我的身体，我忍不住低吼并冲了过去。旁边站着的人看到了我，立刻转身跑掉了，那个全神贯注偷音响的人没看到我。当我来到车边时，他的头还在窗户里。于是，我一把抓住他并把他拖了出来，然后粗暴地把他推搡到地上——我一点儿也不在乎碎玻璃会不会伤到他的头。这时我的妻子在旁边告诉我别着急，一个孩子掏出了手机准备叫警察。那个小偷还是个少年，不超过16岁，但我还是把他按在地上，就差掐死他了。他们知不知道自己在干什么？他们觉得自己可以随意窃取财物？总之，我跨坐在他身上，威胁他，在警察来之前他什么都别想干。这期间肯定有些人经过我们，但我一点儿也不在乎。后来警察来了，他们至少看起来是站在我这边的，在了解了所有的细节之后把他带上了警车。

这个例子展现出，愤怒时脑海里会发生什么。杏仁核（大脑中一个小小的、形状和大小类似于杏仁的部分）掌控着包括愤怒在内的很多种情绪。当我们非常愤怒时，可能会发生"杏仁核劫持"。这个比喻有力且精准，它指的是：大脑中这个小小的部分（杏仁核以及临近的脑区）快速地劫持并控制了大脑的其他区域。有趣的是，杏仁核属于"原始大脑"的一部分，在进化的过程中它早就存在，所有哺乳动物的大脑都有杏仁核。所以事实是，这个古老的部分劫持了只有人类独有的部分——大脑皮层。它劫持了我们大脑中负责思想、计划、理性和执行功能的部分。

这很好地解释了为什么人们发脾气之后总会说"我不知道刚才在想什么"，这是因为他们确实什么都没想：大脑的思考能力已经被"原始大脑"劫持了。还有许多与此相关的日常用语反映了这一事实。比如"暴跳如雷"中的"暴"字就很恰当，大脑中发生的事情恰是如此：杏仁核和"原始大脑"通过猛烈的神经元放电，以迅雷不及掩耳之势"劫持"了其他脑区。（原始大脑往往比大脑皮层的反应快得多。所以，听到一声巨响时你会快速闪避，甚至几乎是在巨响出现的瞬间就采取行动。你的行动受原始大脑的驱动，而非你有意做出，因此你可能会陷入本想避开的冲突。尽管这没什么用处，但它说明了原始大脑的反应速度比理智大脑迅速得多。这一理论在现实生活中同样适用，面对来自别人的愤怒和攻击时，你可以学着"拖延时间"，因为时间过得越久，对方就越有可能恢复理智。）

所以，"失去理智"往往是因为大脑中正在发生"战争"。"失去理智"这个词很形象，因为我们确实失去了"对自己的控制"。杏仁核劫持发生的时候，大脑皮层（负责思考、执行功能的区域）失去了它的控制权。发生的生理反应不仅仅包括大脑里的活动，还包括肾上腺素和其他物质的释放，血液的流速加快，等等。有人称之为"战斗或逃跑"反应。然而，对于愤怒这种情绪，我不太确定"失去理智会带来惨重的损失"这种说法是否恰当。

我可以就此打住，得出结论：愤怒完全是个坏东西，我们必须学习如何消灭它。然而，读到这里你一定知道事实远比这个结论复杂。真正棘手的情况之一是，原始大脑产生的愤怒随后会被大脑皮层或理智大脑接管，也就是我们常说的"君子报仇，十年不晚"。这意味着有些人会执着于自己强烈的愤怒，动用"理智大脑"计划如何报复那个激怒自己的人。

《猛龙怪客》(*Death Wish*)是1974年上映的电影，由迈克尔·温纳执导。电影中生动地展现了类似的情节。当男主角（查尔斯·布朗森饰）的妻子被暴徒强奸、母亲被杀害后，他开始复仇之旅，利用自己引出暴徒，并加以制裁。这是一部早期的复仇题材电影，我还记得每当查尔斯·布朗森射杀一个歹徒时，影院观众席都会爆发一阵欢呼。

你可能会说，这是好莱坞电影而不是现实生活。然而在法庭上，这种复仇性犯罪也并不少见。虽然现实生活中的"复仇"不如好莱坞电影一样大快人心、令人欲罢不能，但背后的原理相同，"复仇"都是受到原始大脑和大脑皮层的共同影响。你也可能会说，查尔斯·布朗森饰演的角色经历的情绪不仅仅是愤怒，还有丧失、怒气、悲痛、绝望等。但这在现实生活中也很常见，我们有时会经历"纯粹的"愤怒，但其他时候愤怒会和其他情绪混杂在一起，比如失望、沮丧等。但无论在哪种情况下，愤怒都是驱使我们采取行动的最强力量。

不幸的是，类似的情况也发生在日常生活中。在离婚中很常见的是，最初一方试图维持婚姻，但随后耐心逐渐瓦解，转而变得"愤怒"。于是他们聘请律师，开始离婚诉讼——用自己的智慧给曾经的伴侣施加最大的痛苦，使对方付出最多的成本，以此宣泄愤怒。

为了保证表达的准确，我们来谈谈"攻击"和"暴力"。刚才的例子中，"愤怒"推动了"攻击"和"暴力"行为。请注意，"愤怒"只是一种情绪，除非你表达出来，否则别人不会知道你的感觉。你可能有过这样的体验，当你告诉某人自己对某件事非常"愤怒"后，他们却非常惊讶地说："我一点儿也没料到你生气了。"这就是情绪的本质：我们可以拥有情绪，但是不采取行动。所以，从理论角度来说，查尔斯·布朗森的复仇行为是愤怒的表现，而不是愤怒本身。(有时候，攻击和暴力也可以单独出现。比如，抢劫银行的匪徒没有生银行职员的气，甚至也不认识他们，但是采取了攻击或暴力行为——如果没有攻击或者暴力，就是盗窃行为了。)

有点儿离题了。总而言之，愤怒是一种强烈的情绪，伴有大脑和身体的强烈反应。受愤怒的影响，我们可能会做出"彻底改变人生"的行为。常见的情况下，愤怒会导致关系的破裂，损害我们的幸福。极端情况下，愤怒甚至会导致犯罪。

"合理的"愤怒：一种该有的反应

某人表现得有攻击性或有敌意时，我们会评估对方这么做是否合理。倘若我们觉得合理，就不会认为对方有愤怒的情绪问题。毕竟每个人都有生气的时候。只有当某人无缘无故地怀有敌意、愤怒或攻击性时，我们才会觉得"这不对"。如果我们认为某人表现出愤怒或攻击性是合理的，那么我们往往不会认为这种表现有什么错。所以，如果我们认为戴维斯（那个被偷音响的人）的愤怒很合理，就不会责怪他在警察到来之前把小偷压倒在地，并且可能认为这是一种合理的反应。但如果他反复按着那个16岁少年的头撞向人行道，并且不断辱骂他，我们可能会觉得这种行为太过激、太不合理了。

然而，我们的判断力有时会受到干扰。第一次看那部经典电影《飞越疯人院》(*One Flew Over the Cuckoo's Nest*)时，护士长（路易丝·弗莱彻饰）经常折磨以兰德尔·麦克默菲（杰克·尼科尔森饰）为首的一群精神病患者。电影开始大约一个小时后，精神病患者们对护士长充满了憎恶，而观众的憎恶则更甚。当护士长过分地虐待了一名患者后，麦克默菲再也无法忍耐，一把抓住她，将她摔到地上，想把她掐死。这时候，影院里一半的观众都站了起来，大喊着给他鼓劲，希望在两个男护士赶来帮忙之前，他能真的掐死护士长。然而观众并没有如愿，他还是被控制住了。后来我们都闷闷不乐地走出了电影院。

护士长很过分，麦克默菲也有些过激。当然，这是故事情节，不是真实生活，所以我们的判断受到了干扰。然而，"判断力受到干扰"正是问题所在。因为不幸的是，现实生活中，我们也会遇到这样的情况。而事后，又一次次地懊悔和自责，觉得自己"反应过度"或者"不知道被什么控制了"。我们觉得自己的反应过分了，是不合理的。

以下话题将贯穿全书：我们如何以恰当的方式应对负性事件？这种方式会被我们自己和他人评价为合理的吗？

当愤怒者的利益与我们一致时，我们也会乐于见到愤怒。"铁娘子"玛格丽特·撒切尔为了维护大多数英国人的利益，与其他欧洲国家的政客斗争。很少有人认为她做得不"对"（在大西洋的另一端，与她同时代的罗纳德·里根采取了更有魅力的方式进行斗争）。然而，玛格丽特·撒切尔的继任者约翰·梅杰却被描绘成一个更"灰暗"的人物（正如"吐槽大会"㊀里所展现的那样）：他从不公开表达对任何人的愤怒。不论这种描述准确与否，都对他不利。更有甚者，传言称他私下很易怒——在没有正当理由时也表现得稍许暴躁。无论真相如何，这都说明了人们不喜欢"不合理"或过度的反应，而不是"愤怒"本身。

最后也是很重要的一点：我们如何判断什么是恰当且合理的反应呢？要知道，在"冲动"时看起来十分合理的行为，可能在事后看起来却是悲剧性的"过度反应"。下面是我对于"衡量标准"的一些想法。

一个衡量的方法是，想象一位睿智的老法官，静静地听我描述发生的事，并做出判断。例如，他可能会对戴维斯说："嗯，我想如果我是一个年轻人，撞见有人在偷我车里的东西，我也会想要把他拉出来，压倒在地，等警察到来。这是恰当且合理的反应。"我认为这是一个很好的衡量标准。

㊀ 节目原名为 *Spitting Image*。——译者注

还有一个方法。很多人会在社交媒体上分享生活里的事和自己的反应，然后看看大家是怎么想的。我认为这不失为一个判断反应是否恰当的可靠方法。只要我们的描述和朋友的回应都足够客观，这个方法就会非常棒。事实上，我们甚至不必使用社交网络，也可以自我判断当时的反应是否恰当且合理。比如说，想象在社交媒体分享后，朋友会怎么看待这件事，如何回应这件事。我们可以在内心判断自己做过的事或想做的事是否合理且恰当。

烦躁

烦躁更有趣。几年前，那些优秀的出版人鼓励我写这本书时，曾告诉我："烦躁是人们去看医生的第二大常见问题。"尽管我不知道他们从哪里得到这个"数据"，但是我被说服了，并马上答应了写这本书，只是又问了问"第一大问题是什么"［答案是"医生，我总是很累"，我可以肯定这很常见，医生们将它缩写为 TATT (tired all the time)］。

我想鲁宾逊的编辑们一定也意识到了我天生就是研究烦躁的专家。毕竟年轻时，妈妈经常说我令人烦躁，她说得有道理。一方面，我确实很容易令人烦躁；另一方面，我也很容易感到烦躁。15 岁时，我坐在家里的餐桌旁，曾暗自神伤——我如此易怒，没有我能容忍一辈子的女孩。我可能永远都结不了婚了，多么可悲。

因此烦躁、恼怒、易怒对我来说都是极其常见的词语，不需要多加解释，毕竟我在成长中既容易感到烦躁又令人烦躁。但似乎并不是所有人都如此。比如，我曾经为我的同事基于本书编写了一个为期 3 天的专业课程。首次授课时，刚刚结束了半天的课程，授课老师打电话跟我说："学生们想知道烦躁是什么意思。"我的第一反应是，提问者本人是一名临床和法医心理学家，他一定知道烦躁是什么。我的第二反应是，如果他都不够清楚，那么可能很多人都不知道。

所以，烦躁是什么呢？一个睿智的同事告诉我，烦躁和愤怒不同，它是"一种倾向而非一种情绪"。有道理，但我不认为这完全概括了烦躁的本质。所以让我们换个说法，当我们描述一个人"烦躁"时，通常意味着什么。也许是，他很易怒。这只是"烦躁"的一部分，但我们更可能将易怒的人描述为"脾气差"而不是"烦躁"。"烦躁"听起来不足以达到"易怒"的程度。更贴切的是用"烦躁"来描述太容易变得恼怒的人。因此"易恼怒"更像是"烦躁"的近义词。

事实上我查阅了很多烦躁的近义词，包括：暴躁、不耐烦、过于敏感、躁动、乖戾、喜怒无常、爱发牢骚、反复无常、脾气坏、小气、粗暴、愤恨、易怒、尖刻、浑身是刺、顽固、撒泼，等等。它们都不错，但我还是觉得"易恼怒"能更好地概括烦躁的意思。

什么东西会让我们烦躁呢？很多事情。比如说在英国，即使是经济紧缩时期，我们还会在完好的道路上建造路障，好像经济非常富裕似的。我们显然没有钱来填补道路的坑坑洼洼，却有钱建造路障（如果你的国家很明智，并不修路障，那么我现在向你介绍英国使用的"减速振动带",目的是强制驶过的车辆减速。你可能会问:"那不会损坏汽车的悬架、转向系统和轮胎吗?"当然会)。

小事也会令人烦躁,不是吗?上次在威尼斯时我想要一件好衬衣,想到自己已经省吃俭用了半辈子,我决定买下一件高级的意大利衬衣。于是,我走进一家精致的衬衣店,挑选了一个喜欢的款式,然后付了钱。刚走出店铺不久,我又折回来问店员这件衬衣是否是意大利生产的。(因为我注意到有些商店的告示牌上写着"本店的所有衬衣均为意大利生产"。)她回答:"不是的。这是意大利的面料,但是在其他国家加工生产的。"(然后告诉了我是哪个国家。)

我想,也好,然后对自己说:"这个国家生产的也不错。"(这本书将被翻译成多国语言,为了防止冒犯,就不标注具体国家名称了。)我把衬衣拿回家试了试,它果然质地很好,很合身,我穿起来也很好看。那么是一切都好吗?也不是。纽扣孔太窄,扣每一颗扣子都要折腾很久。我买了这件衬衣一年多,现在穿上它依旧费力,这让我很烦躁。它有一点儿惹恼我了,与我的其他衬衣形成了鲜明对比:其他的衬衣都有垂直的扣孔,纽扣很容易穿过,最棒的是最后一个扣孔是横着的,这样你就能轻松地知道"已扣完了全部扣子"。想到衬衣制造商如此周到、细致,我会感到欣慰,这是与烦躁完全相反的感受。

读到这里,你肯定会想:"天呐,太小题大做了。"没错,我也是这么想的。这正是"烦躁"很有杀伤力的一个特征:在烦躁之外,它还会在伤口上撒盐,让我们觉得自己在小题大做。明明感觉很糟糕，却没有人（包括你自己）能够安抚你。生活中无数件令人烦躁的事情积聚到一起，就足以摧毁你的生活。毕竟就连扣孔的大小都会让你烦躁，其他事情就更别提了。

烦躁也是一种矛盾的感受。例如，我最近在读一本 P.G. 沃德豪斯的传记，书中写到"他度过了愉快而漫长的一生，因为他很早就认识到了没有什么是真正重要的"。乍一看，这似乎很有田园诗意——他从不会烦躁或担忧，但再想想看，我们真的想过不把任何事物放在心上的人生吗？当然，烦躁的问题在于把微小的事也看得太过重要，但这肯定也好过一点儿也不重要吧？然而看得太重要也会导致痛苦，这就产生了一个困境：太看重或不够看重都会产生问题。我们要解决的问题是：如何恰到好处。

读到这里，如果你格外善解人意，可能就会想："不，这都很合理呀，我也会因为路障而烦躁，也会因为衬衣上的纽扣孔太窄而烦躁。"如果是这样，那再好不过。但我要告诉你的是，事情会慢慢变得更糟……

我们都有亲身经验，哪怕无事发生，我们也可能会感到烦躁。比如说刚睡醒感到的烦躁，不针对任何人或事，就是感到自己有种莫名的烦躁。在那个时候，一点儿轻微的刺激就能让你非常烦躁。烦躁和抑郁或者焦虑不同，它是一种非常独特的感觉。当然，有可能焦虑和抑郁会令人变得烦躁，但这是不同的，既不抑郁也不焦虑的人——包括抑郁和焦虑的人，也可能很容易变得烦躁和愤怒。各种各样的事情都可以引起愤怒和烦躁，我们将在本书后面的部分讨论这一点。

最后，写下这本书让我感受到了肯定，这简直太棒了。无论你开始阅读这本书的初衷如何（为了自己、为了朋友、为了家人，还是为了某个患者），相信你已经认识到了"烦躁"的力量。当然，"愤怒"的力量也有目共睹。我衷心希望这本书不会辜负你的期望。请放心，尽管我15岁时就担忧过自己能否处理好婚姻关系，但是，40多年的婚姻生活（同样依赖于我妻子的努力）足够证明，我能够解决很多问题！

总结

- 愤怒和烦躁有很多不同的形式。这两种情绪大多数人都经历过。
- 愤怒本身并没有什么错；有时候，愤怒是完全合理的。只有当我们反应过度，超出了当时情境下该有的反应时，才会引起别人的指责。有时候，最苛刻的指责就来自我们自己。
- "烦躁"这个词本身就意味着这种反应是不合理的。它通常表示一个人在没有正当理由时表现得厉声厉气、脾气暴躁。正因如此，"烦躁"不能通过"是否合理"的测验。所以人们几乎总是因为"烦躁"而受到指责。同样，最苛刻的指责也来自我们自己。
- 有时候，出于沮丧或其他原因，我们会失去判断力。在这样的情境下，我们会发现自己无法进行合理的判断，从而做出"当下觉得合理，事后后悔"的事情。

反思

大家对于"易烦躁"和"莫名其妙愤怒"的人格外苛责。他们仿佛故意要为别人带来烦恼和痛苦。当然,跟这类人相处很不愉快。

但是,我们有时会忽略,做一个烦躁且愤怒的人一点儿也不愉快!很多人的生活已经被"愤怒"和"烦躁"摧毁了。这本书正是写给他们和他们身边的人的。

练习

写下或在心里记下你对以下问题的回答。

(1)你主要担心的是愤怒还是烦躁,还是二者兼有?
(2)你为什么担心它或它们?
(3)你感到愤怒或烦躁的原因是什么?
(4)读到这里,你觉得什么可能会对你的愤怒或烦躁有帮助?

第 2 章

敌意、攻击和暴力

这是我们需要注意的另外三个词。让我们先从"敌意"开始。有大量证据表明,不论愤怒与否,人类生而好斗。美国每年的国防开支约为 1.5 万亿美元。想象一下 1000 美元有多少,将它乘以 1000 倍 3 次,再加上这个数字的一半,这就是美国每年的国防支出。如果这种情况仅仅存在于美国,那还值得庆幸,但恐怕事实并非如此。在网上搜索可以看到国防支出排名前 100 的国家。

那么,这些钱都去了哪里?它们主要被用于武器的研究、开发和生产。从事这些活动的人并不愤怒,他们每天起床上班,开会讨论怎样提高无人机的效率,研发新的冲锋枪模型或飞机装配的油桶炸弹,等等。然后他们喝杯咖啡,思考如何提高武器的致死率。这些人并非在愤怒下行事,事后也不会为自己的行为后悔。他们的目的只是赚钱。要知道,只有足够优秀的人才能得到这份工作。他们喜欢自己的工作,也能够胜任。在我看来,这是一种非常充满敌意的行为。

你可能会认同多数人的观点,认为这根本不是一种敌意行为,而是一种防范他人敌意的必要措施。事实上,世界上所有的国家都在军备上斥资巨大,以抵御其他国家的敌意。无论如何,这说明世界范围内确实存在着大量的敌意。

一旦你开始寻找,敌意就无处不在。刚刚我放下手头的任务,和一个助理就昨天的足球赛聊了几句。离终场还有20分钟时,我们队处于0∶2劣势,到比赛结束时,我们以3∶2获胜了。我对助理说:"你听到对方经理昨晚说的话了吗?他说他这辈子从没这么难受过。"你猜助理的反应是什么?她是说"虽然很遗憾,但还是很高兴我们赢了""哦,不,这太扫兴了",还是一笑而过呢?你可能猜对了。

当然,我们很擅长找借口。既可以说"不,这肯定不是他这辈子最难受的时候",也可以说"是的,但这只是一场比赛,这不是真正的敌意。只有讨论足球的时候我们才会这样",等等。事实上,每当我们在自己和他人身上看到敌意时,很容易将其合理化,久而久之,我们也变得十分擅长将敌意合理化。(我稍后会谈到,将敌意合理化对自己并无益处,我认为最好是对自己的情绪敞开心扉,然后看看如何处理它们。)

再举一个例子。最近我和妻子在伦敦,在一个夜晚,我们外出后走回车站。那时天已经黑了,我们走到了一个分岔路口:

一条街的灯光很亮，另一条街很暗。根据经验，我们很自然地选择了光线充足的街道。我们做出这个选择是因为害怕在黑暗的街道上遇到热情过头、想和我们说话的人而错过火车吗？不，是因为我们害怕可能会遇到袭击或抢劫。这说明我是一个特别偏执多疑的人吗？不，我不这么认为。我想大多数人都会出于同样的原因选择走在灯火通明的街道上。

最后一个例子：幸灾乐祸。你一定知道，幸灾乐祸就是"把快乐建立在别人的不幸上"。这样做很有敌意，你说呢？我也这么认为，但它很普遍。别人的不幸可以带来快乐。我们甚至不需要解释为什么。很多优秀的喜剧都是展示人们绊倒、摔跤或陷入悲伤的场景。事实上，所有的"偷拍"家庭影片电视节目都依赖于这些内容。更妙的是，在英语中，我们保留了"幸灾乐祸"（schadenfreude）这个德语原词，就像对德国人有敌意的小小挖苦。(是的，如果你讲德语，恐怕我要告诉你这个事实，我们每年都会发明很多新单词，但是"幸灾乐祸"却经久不衰，就好像这种人性的怪癖是德国人特有的。但请放心，事实并非如此。)

所以，接受我所说的"世界上有很多敌意"这一事实吧。你同样可以证明，世界上有很多善良。大多数人会因为家人的痛苦而痛苦；人们冒着生命危险来帮助别人，有时甚至真的因此而失去生命；人们会匿名捐献健康的肾脏给陌生人。这就是人们的无私、不求感激。我有时会在一家大型超市外为慈善机构募捐，通常情况下，人们手里拿着满满的东西从超市里出来，完全有理由"注意不到"我站在那里。但是，经常发生的是，他们会特意走来，放下所有的购物袋，找出手提包（通常是女士），有时甚至会捐很多钱。尽管我们以后不会再相见，但他们还是这么做了。

那么我们该如何理解呢？是周围有很多充满敌意的人，但也有很多好人吗？不，我认为他们是同一类人。就我个人而言，我做过让自己感到羞愧的事情，有过羞于让别人知道的想法，但是，我也做了一些让自己感到自豪的事情，也常常思考如何帮助他人。我想很多人都是这样，几乎每个人都有敌意和善良两面。事实上，大多数人都要在不同的场合扮演各种不同的角色，承受着来自不同身份的压力，我们能够在其中找到平衡真的很了不起。对我来说，情绪爆发、心态崩溃都很平常，让我惊叹的是，我们能够将敌意与善良"整合在一起"。

我认为当敌意产生时，承认它的存在是一个不错的主意。如果没有什么特别的原因而我们却怀有敌意时，我想最好的选择就是接受它。危险在于，我们将自己对某人怀有的敌意看作愤怒，进而认为他们一定做过什么激怒我们的事。于是，现在我们不仅感到对别人的敌意，我们还很愤怒，并指责对方做了坏事。这种想法很快就会失控。如果可以的话，更好的做法是接受有时敌意就是人性的一部分，接受有时生活就是这样。

就像愤怒一样，如果我们愿意，可以把敌意隐藏起来，除非我们选择告诉他人、通过肢体语言泄露出来或者是选择用愤怒或带有敌意的方式行事。"敌意"这个词通常用于描述行为而不是"想法"和"情绪"，就像我们接下来要探讨的"攻击"这个词，它几乎完全用于描述行为。

其他人可能不知道我们什么时候生气，甚至可能不知道我们什么时候有敌意，但他们肯定知道我们什么时候有攻击性。这就是攻击的特点。攻击可以以多种形式展现。它可以是暴力，即一个人徒手或使用武器攻击他人；它可以是言语，一个人可以吼叫、侮辱、斥责或以其他方式攻击他人。不止于此，"冷战"也是一种典型的攻击行为，对于那些自认为处于弱势的人，比如孩子，它可以作为一件威力强大的武器使用。它的威力在于被生闷气的对象很难做出任何努力，毕竟主动冷战的人"什么也没做"。这是一种非常有效的攻击行为，有些人会终身使用它。（实际情况是，冷战可以带来良好的感觉，大脑最原始的部分会因此感受到力量和效力。我们之所以变得习惯于不理性地冷战，是因为大脑最深层的部分就是不理性的。我的一位患者说，她会"毫无理由地"生闷气，有一天她去上班，突然发现自己无缘无故地生了好几个小时闷气。我的熟人萨米说，他的父亲生闷气三天左右是常事，他的母亲将其称为"心情不好"。）

另一种敌意或攻击行为是破坏他人财产。热门报纸似乎很爱关注那些被抛弃的女友或妻子的报复事件，剪坏男人最爱的西装，砸他的兰博基尼，或以其他方式破坏他最爱的东西。大多数不那么富裕的人，同样会找到令其满意的替代品来破坏，只是很少被报道。

最后一种敌意行为，或者说攻击行为，是恶意地谈论他人。直到最近，我们还可能在别人背后做这件事，并仍将继续。在别人背后恶意八卦显然是一种敌意或攻击行为，受害者很难对此做出回应。即使他当面对质，对方通常也不会承认。网络时代为这种活动提供了新的渠道。通过短信和邮件八卦一个共同认识的人很容易，这种事情几个世纪以来一直都在发生，只是网络给了它新的形式。豆瓣和微博①等社交网站还提供了更多方式。大众点评②之类的评论网站给人们带来了一种新的权力感，正如任何存在权力的场合一样，有些人热衷于滥用权力。匿名可能会加剧这种情况，它让你不再害怕因为实名议论可能招致的报复。

然而，在校园霸凌中，这种对报复的恐惧似乎起不到任何效果。我现在在接待一对母子患者，学校的"朋友们"毁掉了这个13岁的男孩的生活，他们的手段包括在社交网站上的霸凌。他的父母知道这一切，但无能为力。他们觉得，如果他们采取了什么措施，儿子的生活会更糟，而且即使他们向那些坏孩子的父母告状，也会招来某种形式的报复。他们不是个例，这个问题普遍到令人害怕。据我的朋友兼同事保罗·加夫尼估计，在他所居住的爱尔兰，每年初高中有1000名左右的孩子都无法处理这个问题。爱尔兰大约有500万人口，我们可以据此推算出其他国家的数据。（据我所知，这并不是爱尔兰特有的问题。）虽然这显然是一种充满敌意和攻击性的行为，但它不是由愤怒推动的。没有迹象表明男孩的"朋友们"对他愤怒，这似乎是恶劣的校园霸凌的一种常见情况。

---

① 原文为Facebook，此处作本土化处理。——译者注
② 原文为TripAdvisor，此处作本土化处理。——译者注

充满攻击性但并不愤怒

愤怒的时候，我们可能会说一些充满敌意和攻击性的话，或做一些充满敌意和攻击性的事情。虽然不合适，却可以理解。但是为什么会有一些并不愤怒却充满敌意和攻击性的人呢？

第一个答案是，这对当事人是有用的。例如，一个银行抢劫犯可能很有敌意和攻击性（事实上，正如我已经说过的，他必须如此，否则就不算抢劫了），但他通常在抢劫之前，没有见过该银行的职员，所以大概不会生他们的气。这种敌意和攻击性只是达到目的的一种手段，只是让员工把钱交出来的一种方式。

在另一种情况下，当我们到商店要求对一些有瑕疵的商品进行退款时，我们可能会充满敌意和攻击性。正常情况下我们当然不会这样，我们会直接回去要求退款。但是如果对方不退款，我们会怎么做？答案当然取决于我们自己的性格，有人会失望地离开，但有人会试图通过敌意和攻击性来达到目的。这通常被认为是"对他们感到愤怒"，但是实际上是否真的是愤怒并不确定。当然，敌意和攻击性是存在的，但它们是为了得到好的结果而被表现出来的，还是真的由于愤怒引发的？

同样的情况也发生在家庭里。父母们经常会说，只有在他们"不得不发火"之后，孩子才会去整理卧室。然而，他们"不得不发火"的措辞却揭露了这样一个事实，愤怒具有目的性，是为了获得掌控或者得到想要的结果。

有时，"愤怒性攻击"（由愤怒引发的敌意和攻击）和"工具性攻击"（有助于实现个人目的的敌意和攻击）之间是有区别的。本书的英文书名（*Overcoming Anger and Irritability*）就说明了我们主要关注愤怒和烦躁以及由此产生的问题。但是，攻击、敌意和暴力的话题也非常重要，它们与愤怒和烦躁有很强的相互作用，所以也会有所讨论。在任何情境下，大多数人的攻击或敌意都有多种动机：有时是愤怒，有时是其他原因。

暴力

从某种程度上说，暴力要直观得多。每个人都知道什么是暴力，即某人徒手或使用武器侵害他人的身体。有时人们使用"言语暴力"这个词来表明言语可以非常有破坏性。但我认为这既没有必要，又让人迷惑。即便没有"言语暴力"这一概念，大多数人也都完全愿意认同这样的观点，即言语是可以非常具有破坏性的。

在此需要强调暴力的一个明显特点：危险性。暴力可能会导致人们失去生命或遭受致命的伤害。同样要重视的是，有时受到最大伤害的是发起暴力的人。例如，戴维斯，那个抓住了偷他的车载音响的小偷的人，也可能使自己处于非常危险的境地。虽然事情并没有如此发展，但他在"盲目的愤怒"中没有对风险进行评估。如果那个小偷更擅长打斗，他很可能已经受到重伤或丧命。这种情况时有发生，所以我们要时常提醒自己。

总结

- 我们需要意识到,有时候"敌意"的出现并无具体的原因,不一定是有人做了什么让我们愤怒的事情。
- 攻击不同于愤怒和烦躁。我们的攻击性往往能被他人知悉。攻击有很多形式,包括身体暴力、有敌意的言语和行为,以及被称为"消极攻击"的生闷气。
- 暴力是攻击的一种形式,包括一个人徒手或使用武器攻击他人。对我们来说,卷入暴力是危险的,暴力是一种高风险的行为。

练习

在这一章的开头,我谈到了我们有时会"失去控制",这很平常;让我惊叹的是我们如何能在这么长的时间里让一切正常运转。保罗·吉尔伯特(Paul Gilbert)在他慈悲聚焦疗法(compassion-focused therapy)的书中对此做出了很好的解释。(书中写到,一个人要学会关爱自己,理解自己面对的各种压力。)我将保罗的一些想法融入到了本书的相关部分中,但如果你想直接阅读原文,可以在网上搜索保罗·吉尔伯特的慈悲聚焦疗法。

试着回答以下问题。

(1)你有没有发现自己有时会毫无理由地怀有敌意,例如,当你并不愤怒的时候?
(2)如果你的确有时会毫无理由地感到怀有敌意,你过去是否认为一定是某人导致的?
(3)如果你的确有时会毫无理由地感到怀有敌意,你觉得自己能接受这个事实吗?
（4）你对别人有过攻击性吗？如果有的话，你最常采取的攻击方式是什么？
（5）当你有攻击性时，什么是阻止你的攻击行为的最重要的原因？
（6）你卷入过暴力事件吗？如果有，你是否曾经意识到相关的风险——无论是身体伤害、破坏重要关系，还是被捕？

第 3 章

什么让我们愤怒

了解什么让你愤怒很重要，因为这是着手处理它的重要起点。如果你能了解什么让你愤怒，就可以选择远离它（如果可能的话），或者想清楚愤怒的时候应该如何应对。

那我们要找什么样的东西呢？愤怒的诱因虽然因人而异，但也有共性。记得我们在第 1 章中说过，只要符合现状，愤怒本身没有错。人们不喜欢的是反应过度，例如主动挑衅，小题大做，轻易失去理智。

刺激、成本和越界

所以什么事情会引起大多数人的愤怒呢？与我共著《阻止

面对面的暴力》(*Preventing Face-to-Face Violence*)的尼尔・弗鲁德将其分为了三类：刺激、成本和越界。

刺激

生活中的刺激是无穷无尽的。我最近和艾莎聊了聊，她说她再也不能忍受她丈夫吃东西的方式了。单单是他咀嚼食物时发出的声音就能让她抓狂。他总是如此，因此艾莎注意到自己每顿饭都在等待噪声的出现，这让事情变得更糟了。它已经成为丈夫所有错误的象征（自私、贪婪）和他们婚姻错误的象征（她认为自己和丈夫不是同一类人）。

人们的鼻息、咳嗽、擤鼻涕也会令人烦躁。我以前当然也经历过。我有时组织培训活动，和十来个人一起度过三天。偶尔有人患有慢性干咳，在三天里都持续咳嗽，甚至咳嗽更久。当然，我过去确实觉得这很令人烦躁。咳嗽很吵，而有时有人仿佛是在我提出一个非常好的观点的时候故意咳嗽！那么我又得重复一遍，演讲效果就被破坏了。（但当我意识到咳嗽的人其实通常完全有理由请三天病假待在家里时，我就治好了自己的这种敏感性。这说明他舍不得错过这场活动，因此他的咳嗽可以被重新解释为对我的一种恭维。真相并不重要，我认为这是事实，或至少可能是事实，这种感觉让我满意。）

邻居也很容易让人烦躁，特别是对于住在公寓和联排别墅的人。刚结婚时，我和妻子甚至能听到邻居在一墙之隔的那边开关电器的声音，清晰得好像我们在同一个房间里。这本身算不上是一种刺激，但有很多潜在的严重刺激：吵闹的音乐、谈话声、在墙上钉钉子、DIY、在街上（以及在你的花园里）玩球类游戏等。来自邻居的高强度刺激总是把人们的生活弄得一团糟。

成本

你需要为别人的行为付出的成本可能是经济上的、时间上的、"面子"上的，或者任何其他方面的。它们的共同点是，明明是别人的所作所为，你却需要付出成本。这令你愤怒。例如，当孩子弄坏东西时，父母会愤怒（因为修理费造成的经济成本）；或者当你撞坏了车，配偶会愤怒（因为要付修理费，或者增加了保险费用）。

有趣的是，这些愤怒的原因有时展现了一种"残留"效应。洛拉说，她13岁的儿子不小心在厨房摔坏了一只杯子时，她非常愤怒。当我问她究竟为何愤怒时，她说："因为更换这些东西要花钱。他到处转悠，好像钱是从树上长出来的似的，以为他弄坏的东西会自动换成新的。"我感到奇怪，因为洛拉经济状况良好，她完全有钱换掉一两个破杯子。但她并非一直很富有，在过去买一个新杯子会给她的生活造成极大的负担，而这种心态一直伴随着她，积习难改。还有一种你可能已经猜到的解释，但我们稍后再讲。

妮科尔聊到她带5岁的女儿去医院门诊部的事情。她预约了下午两点并准时到达，但直到大约两个小时后，也就是下午4点，才见到医生。让她愤怒的是，诊所的营业时间是下午

2～5点，而诊所里等待的每个人的预约却都被安排到两点，所以有人需要等待三个小时。妮科尔为此付出了多种成本：她浪费了本可以在家完成一些家务事的时间；为了不让她5岁的女儿感到无聊和不安，她不得不陪女儿玩了两个小时；医院的态度让她丢了面子，很显然他们并不在意她等了几个小时。

布兰登是一名电工，他因为被要求做过多的工作而愤怒。他的老板总是非常直接地说："你有时间额外给一个客户打个电话吗？他的电灯开关有问题。"老板可以接受否定的回答，毕竟他还可以问其他人。尽管如此，布兰登仍然很生气，因为这种要求还是使他付出了成本。成本是什么？在他看来，他只能如此选择：要么是付出时间，因为他做了工作日程外的额外工作；要么是承担内疚的成本，因为他拒绝了老板直接的要求。很明显，布兰登需要学会自信，这样他才能意识到，自己有权拒绝而无须内疚。

我遇到过很多人，当伴侣在公共场合反驳他们时，他们立刻变得非常愤怒和烦躁。他们的成本是丢脸，尤其是当这种反驳意味着第一个说话的人在说谎，哪怕是一个为了让无聊的故事有趣起来的无害的小谎言时。然而，埃罗尔却被"小小的反驳"逼疯了。比如，有一次他和他的妻子在与朋友聊天，他讲述了一个发生在上个星期三的故事。他刚刚说出"星期三"，他的妻子立马反驳："不是，是上个星期二。"很难想象他会因此而如此愤怒，毕竟，把星期二当成星期三并没有什么丢脸的。也许这只是一个简单的刺激（他的思路被打断了），也可能是另一种情况：越界。

越界

越界意味着违反规则。可能埃罗尔坚持夫妻不能在公共场合反驳对方的规则——这很正常。因此，当这条规则被一再打破时，他变得越来越愤怒。

对于朋友和伴侣，另一个非常普遍的规则是不应该破坏信任。换句话说，如果你的一些事情只能让你的伴侣知道，那么他就不应该到处告诉别人。有些事情你只会告诉你最亲密的人，可能包括你的健康状况、你的好恶、你的一些经历或观点。破坏信任被公认为禁忌，是一种重要的越界行为，也是你惹恼伴侣最快的方式之一。

显然，第1章中那个男人对偷他车载音响的小偷感到愤怒也是一个越界的例子。那个年轻人不仅违反了男人的规则，还违反了法律，所以这是一个非常正式的越界行为。

这三种分类并不互斥：在许多情况下，人们愤怒的原因是多重的。例如，如果你的伴侣与别人调情，这通常是一种越界行为，或者说，这违反了许多人的规则。但同时，它也会让你付出成本——让你丢面子，让别人认为你的伴侣对你不满意，而在别处寻求安慰。（当然，可能并非如此，但很容易留下这样的印象。）

另一个越界的例子是洛拉的儿子，他不小心打碎了一个杯子。也许，正如他母亲所说，更换杯子的费用让她愤怒。然而，这不太可能，因为她完全可以负担得起任何价格的杯子。更合理的解释是，她生气是因为他违反了一条不言而喻的规则，即一个人应该非常小心，不要给家里的其他人带来不便。她愤怒的原因是他"太粗心"。

总结

- 知道哪些事情让你生气很重要，这有助于下一步行动。
- 通常情况下，有三种事件会让人生气：刺激、成本和越界。
- 有很多刺激：人们总是不关门，邻居制造噪声，甚至是人们吃东西或咳嗽的方式。
- 同样，我们会经常"付出成本"：孩子弄坏东西造成的经济成本；伴侣反驳我们，丢面子；计划之外的事情导致的时间成本。
- 每个人都有一套希望其他人遵守的规则。当有人打破其中的某一条时，就被称为越界。当你发现其他人的越界行为时，很可能会感到愤怒。
- 有时候，愤怒的原因是多重的。例如，一个孩子破坏了什么东西，我们会愤怒是因为造成了经济成本，与此同时，在我们看来他也没有足够小心。

Overcoming
Anger And Irritability

第 4 章

没有人会永远愤怒

这个世界似乎到处都是雷区：因为别人的行为而自己付出成本，被迫打破自己的规则……但是，为什么我们不会永远处于愤怒与烦躁的状态中呢？

内部抑制和外部抑制

还记得妮科尔吗？她带孩子去医院门诊，却足足等了两个小时。那是她一生中最愤怒的时刻。许多因素造成她的愤怒不断累积。刚到的时候，候诊室非常拥挤。她想，有很多医生和护士在，候诊室的人很快就会变少。事实恰恰相反，她逐渐意识到，队伍移动得非常缓慢；和其他人交谈之后，她发现每个人都被预约到了下午 2 点。这使她的愤怒从还算平静升级到了"相当愤怒",但还没达到"十分愤怒"。直到下午 3 点,在诊所值班的唯一的医生和护士停下来喝下午茶。当然,这时候你可能会想:他们为什么不能呢?我们大多数人可能都会在下午短暂休息一下,休息之余他们也一直在努力工作。的确,为什么呢,但是他们的做法激怒了妮科尔。他们开着门,在诊室里聊天,所有患者都可以看到他们正在休息——如此明目张胆地行使休息的权利,使得所有(至少是大部分)带孩子的母亲越来越烦躁。不出所料,当妮科尔带着她的小女儿去看医生时,她气得满脸通红。那她向医生抱怨了吗?没有,她什么也没说。

现在,这看上去有些不可思议。十年后的今天,妮科尔还是一想起来这件事情,就感到愤怒。事实上,非常愤怒。然而,她什么都没对医生说。为什么会这样呢?

简单来说,是妮科尔的抑制功能起了作用。这并不是说,妮科尔本性就比较"拘谨",而是在那个时候,抑制功能起了作用,让她停止采取行动,这是一种自我控制功能。我们大概能猜到她在想什么,比如,"如果我得罪了医生,他还会全力治疗我的孩子吗?"妮科尔证实了这点,那正是她脑海中最重要的想法。与此同时,她也承认了另一种抑制的存在,即"你不能随意对医生发火"。无论对错,她都把这当作自己的一条准则,哪怕她受到医生的恶劣对待,这条准则仍然有效。

第二种抑制("你不能对医生发火")被称为内部抑制,换句话说,它是一种完全存在于大脑内部的抑制。在那个时候,没有任何外部的威胁阻止她对医生发火。例如,警察不会因此而逮捕她，这纯粹是她自己的内部规则。

那第一种抑制呢？如果她对医生发火，也许她的孩子就得不到最好的治疗。这是一种外部抑制。因为害怕后果，所以妮科尔没有发泄愤怒。

现在让我们回顾一下第1章中的例子，戴维斯在街角看到一个男孩打碎了他的车窗，想要偷走音响。戴维斯抓住他，跨坐在他身上，后来戴维斯说自己当时完全被愤怒淹没了，因为这个男孩觉得自己可以随便拿走不属于他的东西。那么，现在男孩被撂倒在地，任由他摆布，为什么戴维斯不掐死他，或者用他的头撞人行道呢？答案同样是"抑制"，但这是内部的还是外部的？是害怕自己会因为犯下比盗窃更严重的罪而被送上法庭，还是"不管别人做了什么，都不能把他们的头按在人行道上撞击"这种内化的道德观念呢？

谁知道呢？可能两者兼有。不管怎样，这个故事说明了抑制的力量——毕竟根据戴维斯的描述，他当时显然已经气疯了。

另一个例子也说明了内部抑制的力量——我们为自己制定的简单规则的力量。我最近和一个在酒吧工作的人聊天。他说到曾经有两个顾客大声争吵，其中一个马上就要动手打人。那个即将挨拳头的男人后退了一步，举起双手做了个安抚的手势，说："嘿，嘿，嘿……我都四十多岁了。"这句话让对方的手停在了半空中，似乎在检查自己的记忆库，看看是否真的有规定禁止殴打40岁以上的人。有趣的是，当他发现实际上没有这样的规则时，最愤怒的一刻已经过去了，于是他跺跺脚走开了，这无疑让那个差点儿挨打的人松了一口气。

抑制是愤怒的刹车

因此,抑制是一个很好的功能——就像汽车上的刹车,防止我们走得太远、太快。后面,我们将学习如何从抑制功能中受益。所以不妨现在就记住,抑制是我们的大脑结构中必要且有益的机制。同样值得强调的是,这种意义上的"抑制"不同于批评某人"拘谨"。"拘谨"通常是指,某人很少显露任何情感——不仅仅是愤怒,所以他们可能会显得冷漠、孤僻、疏离,无法"表达自己"。请注意,为了控制愤怒反应,内部及外部抑制正是我们需要的。

让我们以特里为例——我在监狱里与他谈话。他因为没有发展出足够强的抑制功能而入狱。特里聊到一天晚上他站在吧台和朋友喝酒的经历。事情发生之前,他大概已经喝了四五品脱⊖的啤酒。当他正要举起杯子喝酒时,旁边有人撞到他的肘部,结果大量啤酒泼到了他的脸和胸口上。他记得,接下来自己把啤酒杯在吧台上摔碎,然后砸到了那人的脸上。当然,这造成了非常严重的伤害。这几秒钟的过程所造成的结局就是:特里被判五年监禁。因为攻击者没有良好的抑制功能,这场事件造成了两个人的悲剧。同样,这些抑制可能是外部的(我最终会进监狱,我会被扔出酒吧,会有人报警)或内部的(随意攻击人是不对的)。

对大多数人来说,虽然抑制功能不足的后果没有这么严重,但也会年复一年地困扰着自己,影响着他人!因此,学会抑制

⊖ 1 品脱≈0.57 升。

以及稍后会讲到的其他技术能够带来巨大的好处。现在，了解它们以及它们的重要性就足够了。

什么抑制着我们

我们已经了解抑制功能如何起效。现在请你试着分析，下列情况中，是什么可能抑制了人们的愤怒反应。

- 有人听到隔壁在大声放音乐，为什么他不立即愤怒地上门抱怨呢？答案：内部抑制——"应该对邻居宽容一些"；外部抑制——"如果我那样做，他可能也会在我一发出噪声时就来抱怨，或者可能会在其他邻居面前到处说我的坏话"。

- 为什么艾莎没有对她吃饭发出噪声的丈夫更加愤怒呢？答案：内部抑制——"我必须试着减少抱怨，这只是一件小事"；外部抑制——"我可能也有一些坏习惯，所以如果我抱怨他吃东西的方式，他可能会开始抱怨我做的所有让他恼怒的事情"。

- 每当有人在我讲话时咳嗽，我就会感到恼怒，为什么我不对他们发火，让他们闭嘴或走开呢？答案：内部抑制——"我不应该对我的听众无礼"；外部抑制——"如果我这样做，那么接下来的三天里气氛会降到冰点，所有人都会极度害怕自己不小心咳嗽"。

- 当妻子当众反驳埃罗尔时，他为什么不愤怒地回嘴？答案：内部抑制——"家丑不可外扬"；外部抑制——"如果我那样做，人们会对我印象更差"。

- 为什么布兰登,一个被要求做过多工作的电工,不直接拒绝他的老板?答案:外部抑制——他的老板可能会对他有不好的看法,于是就该裁员了……

总结

- 抑制或控制愤怒是一种非常重要的能力。在表达愤怒时,"不受控制"绝不是一个好主意。
- 这并不是说你不应该表达愤怒,相反,这意味着你能够控制愤怒。正如我们在第 1 章中看到的,只有反应与事实不相符时,我们才称之为易怒或过激反应。
- 抑制就像汽车的刹车:有时它们会让汽车停下,但通常只是确保汽车能以适当的速度前进。
- 抑制主要有两种类型:内部抑制和外部抑制。
- 内部抑制是我们的思想和为自己创设的道德准则。
- 外部抑制是基于一种对后果的意识,即如果自己的反应被看作过激会发生什么。

── 练习 ──

想想最近一次你是如何控制自己的脾气的。是什么帮助你达到这一目的?是内部抑制(你为自己制定的规则)、外部抑制(对后果的畏惧),还是其他什么东西?

如果你能在某个场合控制自己的情绪,在其他场合却难以做到,那个场合有什么不同呢?(鉴于你正在读这本书,所以我们假设你遇见过这样的情况。)

第 5 章

烦躁和愤怒是如何产生的

"漏水的桶"

如果把前文中提到的内容绘制成一个图,我们就能更好地预测自己何时会烦躁或愤怒,并且更重要的是,能够预防它再次发生。所以,让我们看看图 5-1,它总结了目前为止我们所了解的关于妮科尔的情况。

这实际上是一个特别有趣的例子,因为很多人会问:"愤怒到哪儿去了?"换句话说,很多人认为,除非你把它"发泄出来",否则愤怒就会在体内积聚,最终以某种不确定的方式伤害你。所以他们就把愤怒发泄出来。问题是,"发泄出来"是一种委婉的说法,它通常意味着对别人发火,可能是大喊大叫、咒骂，也可能是说一些伤人的话，如果我们这样做，通常不会真的让事情变好，你觉得呢？值得庆幸的是，我们不是非要如此。如果我们不大喊大叫、不咒骂，就不会有坏事发生。我们内心的愤怒会逐渐消散，慢慢消失。最好的比喻就是一只装满水但漏水的桶。妮科尔确实很生气，她的水桶里的水满得要溢出来了。然而，随着时间流逝，愤怒就像从桶中漏出的水，渐渐流走，最终恢复平静——她不再去想它了。

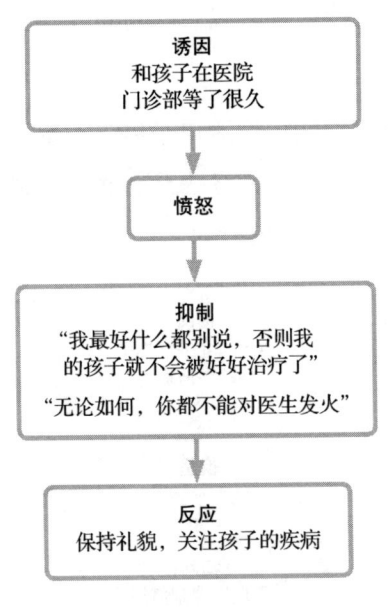

```
┌─────────────────┐
│      诱因        │
│  和孩子在医院     │
│  门诊部等了很久   │
└─────────────────┘
         │
         ▼
     ┌───────┐
     │ 愤怒  │
     └───────┘
         │
         ▼
┌─────────────────────────────┐
│           抑制               │
│  "我最好什么都别说，否则我    │
│   的孩子就不会被好好治疗了"   │
│  "无论如何，你都不能对医生发火"│
└─────────────────────────────┘
         │
         ▼
┌─────────────────────────────┐
│           反应               │
│   保持礼貌，关注孩子的疾病    │
└─────────────────────────────┘
```

图 5-1 在医院等待

（值得注意的是，有些情绪适合开放坦诚地面对，并且"讲出来"，因为这会促进理解。例如，适当地表达悲伤或焦虑可能会让你获得支持。愤怒则不同：正如刚才所说，发泄怒火通常意味着大喊大叫和出口伤人,这种方式几乎不会有益于自己或他人。)

最关键的是——做你认为恰当的事情。在这个案例中,母亲认为她的行为是完全恰当的,因为如果她小题大做的话,她的孩子可能无法得到最好的治疗。所以,即使如今回想,她仍然认为自己做得对。出于同样的原因,如果我们回想时认为自己做得不对,反而会对自己感到更加愤怒。换句话说,你的行为要与事实相符,在特定情况下做你认为正确的事。(我们稍后会进一步解释,为什么有时我们的判断会失真,以至于对自己非常失望。)

图 5-2 是将同样的模型应用于另一个案例。和上一个例子的关键区别在于:洛拉对愤怒缺乏足够的控制力。愤怒完全压倒了她,引发了"咆哮"的行为。

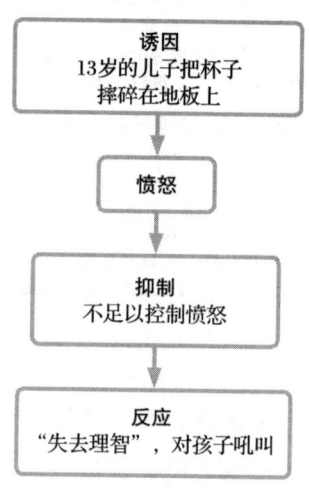

```
       诱因
   13岁的儿子把杯子
     摔碎在地板上
         ↓
        愤怒
         ↓
        抑制
    不足以控制愤怒
         ↓
        反应
  "失去理智",对孩子吼叫
```

图 5-2 摔碎杯子

事实上，这也对洛拉造成了负面的影响。虽然她解释说自己仅仅是"失去理智"，换句话说，她在这个时候失去了所有控制力。但如果真是如此，为什么她不拿刀刺她儿子 50 下呢（毕竟当时就在厨房里）？

══ 思考题

试着回答这个问题：洛拉说她"失去理智"了，那个时候，她完全无法控制自己的脾气。她非常后悔对儿子"咆哮"，但当时完全无法控制自己。这是真的吗？（不是，对吗？）如果她完全无法控制自己，为什么没有做更激烈的事情，比如刺死自己的儿子？（参考答案见本章末尾。）

当水从桶中溢出的时候

让我们继续深入，看看"奥马尔和酒吧没关紧的门"的故事。在一个寒冷的冬夜，奥马尔和他的两个朋友坐在门边。图 5-3 描述了当时的情况。

大致看来，图 5-3 的描述很准确。然而，实际上这已经是第五次有人不关紧门了。前四次中，不断有新的愤怒被倒进桶里。所以，当第五个人走过来又倒入一勺的时候，整个桶里面的水已经满到快要溢出。所以奥马尔把一整桶的愤怒都给了"第五个人"。奥马尔讲述时说"受害者"是个小个子男人。如果他是个身高一米九、体格健壮、柔道六段的选手呢？你认为这会增强奥马尔的抑制功能吗？大多数人都不愿和体形比自己大一倍的人打架。

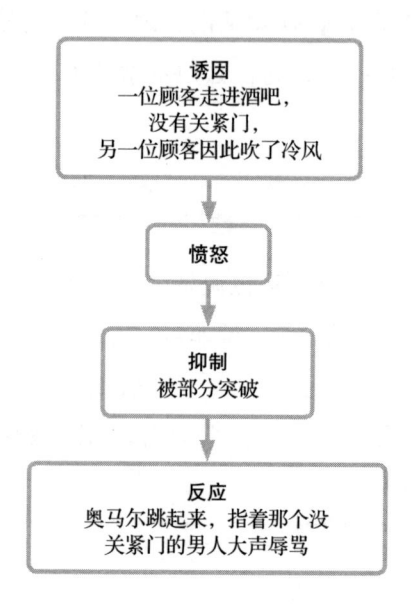

```
┌─────────────────┐
│      诱因        │
│ 一位顾客走进酒吧， │
│   没有关紧门，    │
│另一位顾客因此吹了冷风│
└────────┬────────┘
         ↓
    ┌─────────┐
    │  愤怒    │
    └────┬────┘
         ↓
    ┌─────────┐
    │  抑制    │
    │ 被部分突破 │
    └────┬────┘
         ↓
┌─────────────────┐
│      反应        │
│奥马尔跳起来，指着那个没│
│ 关紧门的男人大声辱骂  │
└─────────────────┘
```

图 5-3　酒吧里没关紧的门

重要的是，当愤怒积压到某一点时会爆发。亚当是一名高级销售员，他告诉我，自己经常出差，连续几周坐飞机去世界上不同的国家。他不在的时候，自己年轻漂亮的妻子莉萨开始了一次又一次的外遇。亚当逐渐开始起疑，几次质问后，莉萨承认了一切。显然，亚当受到了伤害，但是他却认为自己能够应对。于是，亚当和妻子说，只要她坦承一切，他们就可以重新开始。于是，整个晚上，莉萨坦白了她的四次婚外情。她渐进、委婉地坦白，亚当也慢慢地接受了发生的事情。然后他们上床睡觉，决心把这一切抛在脑后，重新开始。

但是，莉萨隐瞒了自己的第五次婚外情。第二天早上醒来，莉萨决心要坦白相待，于是开诚布公地告诉亚当。这时，对亚当而言，桶里面的水满了，并且溢了出来，于是他们离婚了。

什么让你愤怒

现在，让我们试着分析"是什么让你感到烦躁和愤怒"。

- 你可能会发现好几个诱因；对大多数人来说，让他们生气的不止一件事。
- 你甚至可以量化每个诱因引起的愤怒程度，可以用10分制来衡量，10分代表你最愤怒的时候！
- 也许你可以确定是什么抑制在起作用：内部抑制（对自己行为设定的个人道德和规则）和外部抑制（如果你反应过度，可能会发生的后果）。
- 你也可以反思过去当这些诱因触发愤怒时，你所做出的各种反应。

现阶段没有必要分析以上所有问题，除非你愿意。稍后，我们将一起分析这些内容，以及之后应该做什么。这样做既有趣又有益。就目前而言，你可以考虑我们可能会提出哪些类型的问题。

总结

- 我们可以构建一个现实的模型来解释愤怒和随之而来的反应是如何产生的。
- 这样做是非常值得的，因为我们可以分析自己以及其他人的行为。有了这种意识之后，我们就可以进行干预，减轻我们所体验到的愤怒，进而改变那些被视作"烦躁"或者"愤怒"的反应。

- 我们将在本书中持续探索这个模型。到目前为止，出现的关键词包括：诱因（触发我们愤怒的因素）、愤怒（它会逐渐积聚，就像不断往桶里倒水一样）、抑制功能（阻止我们不断发泄愤怒）、反应（从完全能够控制愤怒时的不采取行动，到完全控制不住时做出的灾难性反应）。
- 重要的是，没有必要"发泄愤怒"。通常，"发泄愤怒"只会让事情变得更糟。最好是让它慢慢地漏出去，就像水从漏水的桶里流出来一样。

思考题参考答案

如果洛拉完全无法控制自己，为什么没有做更激烈的事情，比如刺死自己的儿子？

也许洛拉不认为对她儿子"咆哮"和把他刺死一样可怕。现在我们可能会说："当然，这二者完全不同。"然而，当你和洛拉谈话时，她很坚定，自己不想"失去理智"的程度一点儿也不比不想刺儿子一刀的程度少。但这不可能是真的，对吧，因为她对儿子"咆哮"了，但没有拿刀刺他。

我认为这两种行为在洛拉的大脑中有着完全不同的编码。用刀刺人被编码为"我当然不会那样做，也永远不会那样做，没有母亲会那样做的"，然而失去理智被编码为"我不想这样做，也很讨厌自己这样做"。

如果洛拉试着将对她的儿子咆哮重新编码为"我当然不会那样做,也永远不会那样做,没有母亲会那样做的",你认为会发生什么?

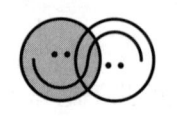

第 6 章

为什么别人不会因为同样的事情而感到愤怒

如果我们通过上一章提到的模型对愤怒进行梳理，可能会得出一个结论，那就是，能诱发一个人愤怒的事情，也会诱发另一个人同样的反应。在很大程度上，确实如此。例如，大多数人都不喜欢别人对他们破口大骂。这让他们愤怒，也即愤怒的诱因。大多数人都不喜欢别人偷他们的东西，这也是他们愤怒的诱因。大多数人都不喜欢没完没了的塞车，这也或多或少让他们感到愤怒。然而，人们对某些事情的反应也确实不同。例如，一个人可能会因为看到孩子们在他家外面踢足球而愤怒，而另一个人可能会将这看作社区生活的一部分。

看待事情的不同方式

这就是重点所在。我们如何看待问题决定了这件事情是否会变成愤怒的"诱因"。如果我们以敌意的眼光看待它,那么它确实会成为愤怒的诱因。如果我们宽容而善意地看待它,则不会如此。

这并不是说我们应该以宽容和善意的方式看待一切。正如我们后面会看到的,愤怒也可以非常有用和有效。言归正传,让我们先看看通常情况下,事情是如何发生的。

- 为什么有人在医院门诊部等了很久会变得非常愤怒,而另一个人却没有?答案:因为第一个人认为医院把每个人都安排在下午 2 点,让他们等待 3 个小时是非常不妥当和傲慢的,并且认为人们应该适当地为他人考虑。第二个人说"这是常有的事",他对别人也没有更高的期望。

- 为什么一名男子对在家门口踢足球的青少年感到非常烦躁,而他的邻居却没有?答案:因为第一个人不仅认为他们不为别人考虑,制造了很多噪声,还认为这象征着他生活在一个比他预期中更低档的地方。第二个人则把这看作生活在一个友好的、充满活力的社区中不可缺少的一部分。

- 为什么同样坐在酒吧门边,有些人会与那些不好好关门的人对质,而其他人却无动于衷?答案:前者认为每个不好好关门的人都是在挑衅,使得自己在其他酒友面前丢脸了。另外两位则认为,这种行为并无冒犯之意,只是人们进酒吧时通常只想着喝一杯,而忽视了门有没有关好。

- 为什么一个女人因为丈夫吃东西吧唧嘴而感到愤怒,但其他成千上万的人却一点儿也不介意呢？答案：因为她认为这证明了彼此"门不当户不对"，也证明他们真的不应该结婚。对她来说，这体现了他们之间的差异。对其他人来说，一个人吃东西时发出多大声音并不重要。

- 为什么曾经当我讲话时有人咳嗽，我会感到特别烦躁，但后来却不觉得有什么问题？答案：因为一开始我觉得他们可能没有给予我足够的关注，甚至是故意挑衅我，但是后来我觉得他们能到场就很好了，毕竟他们也是可以称病缺席的。

- 为什么有的父母会因为儿子摔碎杯子而愤怒，而有的父母只是简单地说"没有关系"，然后让他去打扫？答案：因为前者认为这是故意的粗心大意，儿子根本不在意更换东西要花多少钱，而后者觉得他们完全买得起一个新杯子，这不值一提。

- 为什么当伴侣当众反驳他时，有的男人会愤怒，而另一个却不会？答案：因为第一个男人认为这种矛盾会让在场的人认为他的妻子不尊重他，而第二个男人认为这就是"她本来的样子"。

- 为什么一位母亲发现自己的女儿在悠闲地洗澡时会愤怒，而另一位却没有？答案：因为第一位母亲对自己说，她的女儿洗澡只是为了逃避收拾房间，而第二位母亲很高兴看到她的女儿把自己照顾得很好。

- 为什么一个父亲看到儿子没有完成家庭作业就对他大发雷霆，而另一个父亲却不会？答案：因为第一个父亲把他的儿子说成是一个懒惰的、一无是处的人，想欺骗他，而第二个父亲说任何一个正常的12岁孩子，比起做作业，肯定都对看电视更感兴趣。

……

换句话说，并不是诱因本身产生了愤怒，而是看待诱因的方式（想法）制造了愤怒。

评估和判断

回到第4章所述的模型，我们现在可以将其运用到之前看过的三个案例中，如图6-1～图6-3所示。

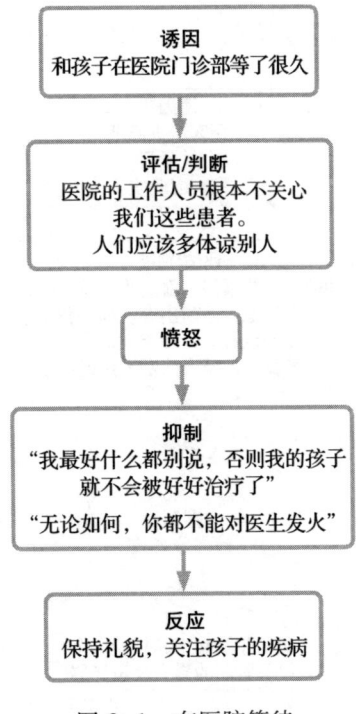

```
┌─────────────────────────┐
│         诱因            │
│ 和孩子在医院门诊部等了很久 │
└─────────────────────────┘
            ↓
┌─────────────────────────┐
│       评估/判断         │
│ 医院的工作人员根本不关心 │
│      我们这些患者。     │
│    人们应该多体谅别人   │
└─────────────────────────┘
            ↓
      ┌─────────┐
      │  愤怒   │
      └─────────┘
            ↓
┌─────────────────────────────┐
│           抑制              │
│ "我最好什么都别说，否则我的孩子│
│       就不会被好好治疗了"    │
│ "无论如何，你都不能对医生发火"│
└─────────────────────────────┘
            ↓
┌─────────────────────────┐
│          反应           │
│   保持礼貌，关注孩子的疾病 │
└─────────────────────────┘
```

图 6-1　在医院等待

```
┌─────────────────────────┐
│          诱因           │
│ 13岁的儿子把杯子摔碎在地板上 │
└───────────┬─────────────┘
            ↓
┌─────────────────────────┐
│        评估/判断         │
│ 他就是太粗心了,必须给他点儿│
│ 教训,否则不利于他的成长   │
└───────────┬─────────────┘
            ↓
┌─────────────────────────┐
│          愤怒           │
└───────────┬─────────────┘
            ↓
┌─────────────────────────┐
│          抑制           │
│      不足以控制愤怒      │
└───────────┬─────────────┘
            ↓
┌─────────────────────────┐
│          反应           │
│   "失去理智",对孩子吼叫   │
└─────────────────────────┘
```

图 6-2　摔碎杯子

```
┌─────────────────────────┐
│          诱因           │
│     一位顾客走进酒吧,     │
│       没有关紧门,        │
│   另一位顾客因此吹了冷风   │
└───────────┬─────────────┘
            ↓
┌─────────────────────────┐
│        评估/判断         │
│ 他故意不关紧门,就是为了惹恼我,│
│ 让我在其他人面前出丑。如果我不给│
│ 他点儿颜色看看,每个人都会在背后│
│ 嘲笑我,甚至当面嘲笑也说不定   │
└───────────┬─────────────┘
            ↓
┌─────────────────────────┐
│          愤怒           │
└───────────┬─────────────┘
            ↓
┌─────────────────────────┐
│          抑制           │
│       被部分突破         │
└───────────┬─────────────┘
            ↓
┌─────────────────────────┐
│          反应           │
│   奥马尔跳起来,指着那个    │
│   没关紧门的男人大声辱骂   │
└─────────────────────────┘
```

图 6-3　酒吧里没关紧的门

现在我们在这个模型加入一个关键的方框："评估/判断"。这意味着我们不再受事件或"诱因"的支配。相反，我们发现自己可以自行决定如何处理这些事件，如何评估或判断它们。评估或判断的方式将决定我们是否会愤怒以及愤怒的程度。更重要的是，我们也可以比照他人来审视自己的评估。例如，酒吧里的那个人可以问他的两个朋友："你们认为这些人是故意让门开着来激怒我们的吗……你们会觉得每个人都在背后嘲笑我们吗？"这样一来，他很可能会相信并非如此（对方不是故意挑衅），只是这扇门不好用，这可能会阻止他产生愤怒。

这里有一点很重要。许多人认为，如果他们相信某件事是真的，它就一定是真的：例如，在这个例子中，"因为我相信他不关紧门是为了惹恼我，所以他这样做就是为了惹恼我"。事实远非如此；但这是一个很容易落入的陷阱，除非我们能习惯用批判的眼光来看待自己的判断，并与他人一起检验它们。

总结

- 本章仅仅为我们的模型增加了一个方框，但它是一个重要的方框。
- 这个重要的方框——"评估/判断"——介于"诱因"和"愤怒"之间，并且可能完全阻止诱因产生愤怒。
- 稍后，我们将看看检验评估/判断的方法。就目前而言，只要知道仅仅因为我们认为某件事是真的并不会使其成真，就足够了。
- 我们现在正在努力建立一个完整的模型，用它来研究那些让我们的愤怒程度超出合理预期的事件。

可以采取的建议

本章中有一个关键的发现，即"仅仅因为我们认为某事是真的，并不意味着它就是真的"。所以，仅仅因为我们确信有人故意惹恼我们，并不意味着他们真的如此！所以我建议：

（1）试着观察你对一种情况做出假设的某个时刻。
（2）让别人来检验你的假设。

说来奇怪，我可以给你举个例子。我曾和两个朋友在伦敦一家很不错的餐馆——那种你偶尔才会去的——共进午餐。我们背后有一个服务台，一个贴心的高级服务员站在那里。到目前为止一切都很好，只是服务台离我们很近，服务员的手指在木桌上敲着。就像之前说的例子一样，我对它感到烦躁。事实上，不仅如此，我认为这绝对是令人烦躁的——不仅仅是我，它会让所有人烦躁。所以，我同另外两个同伴一起检验这个假设，他们说："什么敲击声……哦，那个敲击的声音……我没有注意到。"我也不再注意那个敲击声了，因为他们的话改变了我的评估：如果他们不介意，我为什么要介意呢？

所以推荐的这个活动是为了看看你能否发现任何发生在你身上的类似情况——你做出一个非常确信的假设，即认为这是一个事实，而非一个假设。然后和在场的其他人一起检验这个假设。这会非常有趣。

第 7 章

为什么同一件事，有些人不会感到烦躁

这听起来和第 6 章的一个问题很像，从某种意义上说确实如此。但请耐心听我说，其实两者之间有很大区别。还记得第 6 章的那个问题吗——"为什么一些诱因会让我愤怒，而不会让其他人愤怒，反之亦然"？答案是：因为对于当下的情况，你可能会以某种方式进行评估和判断，而其他人可能会采用另一种方式。准确地说，本章中我们真正要解决的问题是："为什么我以某种方式做出评估和判断，而其他人则可能以一种完全不同的方式做出评估和判断"。

信念

那么，为什么你会用某种方式做出评估和判断，而其他人则用另一种方式评估和判断呢？答案是："因为我们多年来形成的基本信念"。这些信念包括几种不同的类型，例如：

- 关于他人和世界是怎样的，甚至是我们如何与他人相比较的信念。
- 关于人们应该如何行事、如何"吸取教训"，在生活中什么是重要的等一类的信念。
- 对他人如何看待某件事情的信念——包括法庭上的陪审团可能如何看待这件事。

这些信念和我们在前一章中建立的模型有什么联系呢？很显然，我们的信念会影响：

- 对诱因的判断和评估。
- 对愤怒的感受。
- 抑制。
- 愤怒情绪。
- 反应。

所以现在我们在模型中加入一个新元素，如图 7-1 所示。

为了方便理解，我们举两个例子。

比如我们之前提到过的奥马尔，他和两个朋友一起坐在酒吧里，当第五个人进来又没关紧门时，他发怒了，一跃而起并跟对方发生冲突：为什么发怒的是奥马尔，而不是他的两个朋友呢？

第 7 章　为什么同一件事，有些人不会感到烦躁

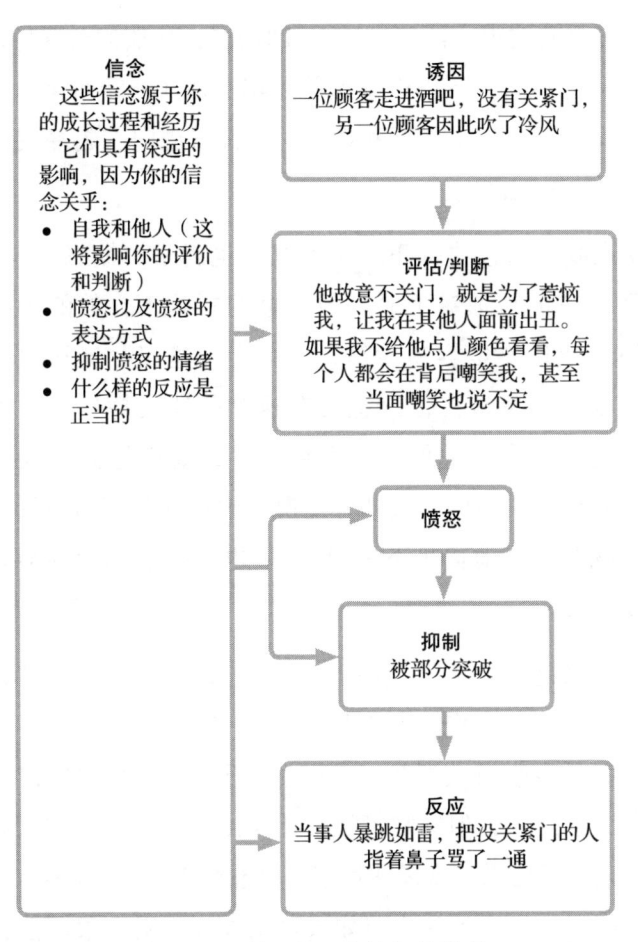

```
┌─────────────────────┐      ┌─────────────────────────┐
│ 信念                │      │ 诱因                    │
│ 这些信念源于你      │      │ 一位顾客走进酒吧，没有关紧门，│
│ 的成长过程和经历    │      │ 另一位顾客因此吹了冷风  │
│ 它们具有深远的      │      └───────────┬─────────────┘
│ 影响，因为你的信    │                  │
│ 念关乎：            │                  ▼
│ ● 自我和他人（这   │      ┌─────────────────────────┐
│   将影响你的评价    │      │ 评估/判断               │
│   和判断）          │──────▶│ 他故意不关门，就是为了惹恼│
│ ● 愤怒以及愤怒的   │      │ 我，让我在其他人面前出丑。│
│   表达方式          │      │ 如果我不给他点儿颜色看看，每│
│ ● 抑制愤怒的情绪   │      │ 个人都会在背后嘲笑我，甚至│
│ ● 什么样的反应是   │      │ 当面嘲笑我也说不定      │
│   正当的            │      └───────────┬─────────────┘
│                     │                  │
│                     │                  ▼
│                     │          ┌─────────────┐
│                     │─────────▶│ 愤怒        │
│                     │          └──────┬──────┘
│                     │                 │
│                     │                 ▼
│                     │          ┌─────────────┐
│                     │─────────▶│ 抑制        │
│                     │          │ 被部分突破  │
│                     │          └──────┬──────┘
│                     │                 │
│                     │                 ▼
│                     │      ┌─────────────────────────┐
│                     │─────▶│ 反应                    │
│                     │      │ 当事人暴跳如雷，把没关紧门的人│
│                     │      │ 指着鼻子骂了一通        │
└─────────────────────┘      └─────────────────────────┘
```

图 7-1　关于烦躁和愤怒的模型

通过模型，我们可以看到，他们三人面对同样的诱因——所以这不是问题所在。

那么，他们各自的评估或判断标准有区别吗？对他人的信念会影响他们的评估和判断。如果有人认为"人们都是自私的混蛋，除了自己谁都不在乎"，而有人认为"人们基本上都是善

良的，只是有时他们的善良需要被激发"，那他们对这种情况的理解就可能不同。所以也许这就是奥马尔（一跃而起并与进门者起冲突的人）与卡洛斯和瑞安（没有与进门者起冲突的两个人）之间的关键区别。

现在我们可以进入下一个方框，也就是"愤怒"。我们可以看到，在奥马尔对于他人的信念的影响下，他的大脑已经比卡洛斯或瑞安更容易愤怒；大脑会"建议"奥马尔听从愤怒的驱使做出反应。信念也会在这个阶段发挥作用。如果奥马尔认为"只有给他们点儿颜色看看，他们才会吸取教训"，而卡洛斯和瑞安相信，大部分情况下"让人们获得教训的唯一方法，就是允许他们坐下来思考"，也许他们的大脑会有不同的建议。

接下来是"抑制"。现在我们知道，奥马尔认为"人们都是自私的混蛋，除了自己谁都不在乎""只有给他们点儿颜色看看，他们才会吸取教训"。基于此他已经开始想着做出一个相当有敌意的反应，但抑制可能会让他冷静下来。一方面如果他相信"人们不可以当众表达愤怒"，便会在这个时候控制自己的行为。同样，如果他认为"如果发生冲突，对方很可能会攻击你"，这也会约束他的行为，只要那个没关紧门的人看起来体格健硕。另一方面，如果他认为"如果有人故意挑衅你，你就得告诉他们谁才是老大"，这就不可能使他的愤怒得到控制。

最后，我们来看看他的反应。可以看到，信念也将在这里发挥作用。如果他认为"可以打人，但不能用武器"，而不是"打架需要有所武装"，他的反应将截然不同。

所以在这个例子中我们可以看到,奥马尔持有的信念在每个阶段都会影响他。这些信念与遇到的情境无关,它们是他日复一日坚持的信念。所以如果奥马尔想要彻底改变自己的为人方式、对世界的感知方式和反应方式,他可以改变自己的信念,或许可以学习与模仿卡洛斯和瑞安的信念。我们将在稍后讨论如何做。

那埃米呢?这是关于两个母亲和她们女儿的故事。一位名叫埃米的母亲对女儿不整理房间非常愤怒。埃米的邻居——林也有一个年龄很小的孩子,在面对棘手的情况时,她总是有不同的反应。让我们看看如何用模型来比较埃米和林。同样,诱因或情境是相同的:如果林 12 岁的孩子坚决不整理她的房间,她会如何反应?与埃米的反应有何不同?

面对这一事件时,她们会做出不同的判断或评估。埃米认为女儿"想尽一切办法故意惹恼我",她的判断受其影响。相反,林认为"孩子们并不是故意惹你生气,这只是自私的天性,在长大的过程中就会慢慢消失"。因此,埃米倾向于把她孩子的行为看作故意挑衅,故意激怒她。另外,林将女儿类似的行为视为那个年龄段常见的欠考虑行为。因此,埃米很容易愤怒,林则不那么容易愤怒。

这种信念的结果是,埃米"愤怒的大脑"煽动她做出愤怒的反应。不幸的是,埃米还相信"溺爱孩子,会让他们一事无成",从而更加坚信"强硬的手段"是必需的。林不这么认为。即使当她真的愤怒的时候(没错,她有时也会愤怒),她的基本信念也是"孩子们需要一个好榜样"。因此,虽然她不介意与孩子们发生矛盾，也不介意让孩子们从声音里听出她的愤怒，但她努力控制自己不对他们"大喊大叫"，当然也不会打他们。

抑制呢？埃米认为，如果邻居听到她大喊大叫或打孩子的"失控行为"，他们会向社会服务机构举报她。她说这是让她能够控制自己脾气的主要原因之一。而林认为，对年幼的孩子大喊大叫是不对的，更不用说打他们了。

在反应方面，埃米认为"一巴掌不会造成什么伤害"，而林则认为"大人打孩子就是一种霸凌"。

信念和行为

一个有趣的观点是，信念是否正确并不重要，无论如何它们都会影响行为。以埃米和林为例：埃米认为"孩子们会想尽一切办法故意惹恼你"可能是正确的；林认为"孩子们虽有自私的天性，但随着长大会逐渐改变"可能是错误的。谁对谁错完全不重要：她们都深受自己信念的影响。有时甚至会出现矛盾的局面，例如，孩子的确是故意惹林生气，但因为林的信念，她不仅能够冷静面对，同时还为孩子树立了更好的榜样。

让我们看另一个关于调情的例子。埃拉和勒米住在一个新住宅区，勒米嫉妒心很严重。米歇尔和杰米是另一对住在附近的年轻夫妇。埃拉和米歇尔是好朋友，在很多方面都很相似。然而，与勒米不同的是，杰米没有什么嫉妒心。

有好几次，勒米和杰米都面临着差不多同样的"诱因"。

这两对夫妻常常在同一个派对上相遇，也会经常相约共同参加派对。埃拉和米歇尔都是热情、友好、外向的年轻女性，她们喜欢无拘无束地跳舞、喝酒、享受朋友围绕的快乐。勒米和杰米对这些"诱因"的评估截然不同。勒米认为，如果一个女人已经结婚了，那么她就不应该再对其他男人表现出任何兴趣，但是埃拉没有做到。相反，杰米认为女人对男人表现出兴趣是很自然的。他只是认为，如果你结婚了，那么"就应该适可而止"。因此，对同样的事件，勒米变得愤怒，而杰米没有。勒米愤怒的大脑建议他做出愤怒的反应，而杰米没有。

说到抑制，勒米认为动手打任何人都是不对的，对于你爱的人更是如此，所以即使他很愤怒，也不会做出过分的反应。（有趣的是，杰米并不强烈反对打架，他不认为"打架不对"。不过，幸运的是，他很少愤怒。）勒米还认为，如果他"正面解决这个问题"，那么①埃拉会认为他是个只会嫉妒的"懦夫"，②这将会让他们未来参加的派对都变得扫兴。

在反应方面，勒米认为打人是错误的，所以他肯定不会这么做。他还认为，大声嚷嚷或正面解决问题是不可取的，所以他也不倾向于这么做。然而，他不介意生闷气，所以往往这是他最终的选择。另外，杰米认为"女人才会生闷气"，所以即使在愤怒的时候，他也不会做出这样的反应。从这些例子中可以清楚地看到，信念会对我们造成全方面的影响，不仅影响我们的烦躁和愤怒，还有感觉和情绪的各个方面，包括嫉妒、焦虑、抑郁，以及任何你能够想到的方面。

信念和其他人

我和妈妈两个人每年会出去度假两三天（我的家人留在家里，稍稍休息一下）。几年前，我们在巴黎住了一家非常好的酒店，如果不是因为旅行社的特别优惠，我们根本住不起。不管怎样，一到了那里，我们就四处闲逛找乐子。酒店提供了购买红磨坊晚间门票的方式——如你所知，这是一个歌舞厅类型的酒吧。它看起来很不错，而且在所有可供选择的景点中，它是我们唯一听说过的。问题是，票价太贵了：每人每晚大约120欧元，也就是100英镑或150美元。然而，这（似乎）涵盖了所有费用：晚餐、饮料、演出等。所以我们报名了，第二天晚上就出发。红磨坊里有一个大舞台，许多女孩在上面大显身手，还有一个更大的区域，大约500万⊖游客在这里用餐，桌子极其紧密地挤在一起。给我们安排的桌子很棒，就在舞台旁边，第一道菜之后，还为我们送上了免费饮料。我们坐了下来，准备享受一个美好的夜晚。当节目开始时，我注意到桌子上放着一张很小的卡片，我把它捡起来，在黑暗中勉强读了读上面写的内容。我模糊的大脑慢慢地读懂了："酒水消费每人最低200欧元。"我惊呆了。我们不仅花了一大笔钱买了两张票，现在还得再花一大笔钱买酒水。我甚至不确定自己身上带了足够的钱。我望向四周，到处都能看到魁梧的保镖，我才开始明白"旅游陷阱"这个词的真正含义。

我妈妈非常专注于演出。我感到有点儿恶心，而且，不用

⊖ 这个数字可能是一种夸张的表达方式，用来描述该地非常拥挤，有很多人。

看我也知道自己看起来很呆滞。第三幕结束，在乐队开始奏响第四幕前还有一段空档。这时我平静地提起，桌子上有一张卡片，上面写着最低的酒水消费，而这会让我们破产。

这就是信念发挥作用之时。对我而言，我认为所有的大城市都是一样的，你一定会掉进旅游陷阱。对我母亲而言，她在法国度过了一个愉快的假期，所以她头也不抬地说："没事儿，没关系的，法国人很友好。"这是一个简单的信念，深入人心，并对在法国可能出现的各种情况产生影响。（谢天谢地，她是对的：卡片上的最低消费并不适用于我们这种情况。）

在红磨坊事件后不久，我又遇到了另一个情况，它是"法国人很友好"这一信念的延伸。当时我正走在海滨度假胜地的一条安静的长廊上，一个 25 岁左右的男人向我走来，他显然有很严重的"学习困扰"。他的帆布背包给他带来了一些麻烦：他正设法把背包背到一个肩膀上，但另一边的带子好像把他的胳膊别在了背后。任何有过试图背上背包经历的人都很熟悉这种姿势，而且别人比自己更容易整理好背包。所以这个人就径直走到我面前，一言不发，然后我帮他整理了背包。

这说明了他对其他人有什么样的信念？"其他人都很友好。"如此友好，以至于如果你背不上你的背包，只需要随便站在一个人面前，他就会帮你解决问题。你甚至什么都不用说！

所以，潜在的信念不仅会影响你生活的每一刻，而且在信念上做一点儿努力也会带来丰厚的回报。我们将在后文中学习如何做到这一点。

信念从何而来

你可能会好奇我们的信念从何而来。很明显，它们来自我们的经历。其中很多来自早期经历（我们的童年、学校和成长经历），而且从未改变过。例如，有些人从小就被教导，世界上的每个人都在奋力追求他们所能得到的，所以你必须提防背后。还有些人虽然没有这样被明确地教导过，但通过观察别人无师自通了。同样，许多人从小就被教育说"人都是善良的"，或者他们的成长经历使他们相信人性本善，不管这个信念是否被家长明确表述给了孩子。

在这些"母信念"的基础上，我们为自己制订规则。例如，如果我相信每个人都在奋力追求他们所能得到的，我将根据逻辑拥有下面一系列的子信念"我必须保持头脑清醒""你必须盯紧每一个人，否则就会被利用"以及"人们总会得寸进尺"。同样，如果我相信人都是善良的，我也会根据逻辑产生下面一系列的子信念，类似于"为了成功我们必须相互信任""他人的陪伴是最好的放松"等。

总结

- 在本章中，我们回答了为什么特定的情况会激怒一个人而不会激怒另一个人。
- 我们得出的结论是，这与我们对自己、他人、世界的本质以及他人和我们应该如何行事的信念有关。
- 这些信念是在我们多年的经历和观察中形成的，通常是基于我们小时候听到的教导。

- 我们发现，信念也是抑制的基础。有些人认为，"人不应该打任何人"，哪怕是"一巴掌"也不行。有些人认为，不应该打人，除非对方比你体格小得多，比如你的孩子。有些人认为大喊大叫是错误的。有些人认为，即使对方是小孩，也应该充分地沟通。有些人认为树立一个好榜样是非常重要的。所有这些信念都会成为我们内部抑制的一部分。另一些人则更容易受到他们行为的可能后果的约束。例如，他们会认为，与比自己高大强壮的人打架是不明智的，因为你很可能会受伤。这些信念构成了他们外部抑制的一部分。
- 人们甚至对应该做出什么样的反应也有自己的信念。有些人认为明显具有攻击性的反应是不合适的，但生闷气则可以接受，等等。
- 所有这些关于信念及其影响的知识形成了另一个重要的领域，在本书的第二部分，我们将能够从中受益。

练习

读完本章，对于本章中不同角色所表达的众多信念，你可能会认同其中的某一种。我建议你把自己最认同的信念写下来（或者至少把它清晰地记在脑海里）。然后花几分钟思考这个信念是如何影响你的感觉或行为的，再想一想如果你有完全不同的信念，事情会有什么改变。

第 8 章

为什么我有时比其他时候更烦躁

到目前为止,我们主要关注的问题是:"为什么有些人比其他人更容易愤怒"。我们已经得到了很多答案,或者至少可以通过参考我们的模型,对不同的情况得出很多不同的答案。一些答案可能如下。

- 查利比本更愤怒,因为查利比本处于更让人愤怒的情境。
- 洛拉比玛格达更愤怒,因为洛拉倾向于用与玛格达不同的方式来做出判断和评估。
- 凯利比埃琳更愤怒,因为她的抑制功能没有那么强大。
- 巴里似乎比凯尔更愤怒,因为巴里比凯尔能接受更有敌意的反应。例如,愤怒时巴里会吼叫和威胁对方,而凯尔往往会生闷气。

- 蕾切尔比萨拉更愤怒，因为她认为其他人都是自我中心的，不能信任，所以她总会对一些情况产生误解。

……

所以，对于为什么有些人比其他人更愤怒，或者看起来比其他人更愤怒（取决于他们愤怒时的反应方式），我们现在可以做出一些更明确、可靠的判断。这非常好，因为我们已经看到，如果我们想成为不经常愤怒的人，我们可以做出一些效力强大的努力。这里有一个很好的系统模型，或许能够匹配你的个人情况。

心情

对许多人来说，其实是烦躁的多变性真正困扰着他们：换句话说，有些日子他们觉得很烦躁，有时则不会。如果你也如此，那么你会知道这种多变会让你身边的人很困扰，因为他们从不知道"你将会是什么心情"。所以和你在一起时他们永远不能放松，反过来，这也意味着你们之间本可以发展的亲密感没有机会生根发芽。

此外，你也知道这给自己带来了很大的问题——不仅因为它损害了亲密关系，还因为你总是"对自己失望"。如果你的烦躁有这种巨大的波动，有时当你回顾昨天，或者甚至是今天早些时候做的事情时，会感到尴尬或羞愧。因为，尽管当时它们看起来完全合情合理，现在你会觉得自己当时过于急躁了——你当时"心情不好"。（实际上，它们在当时也并不总是那么合理，也许你意识到了自己很烦躁，这种感觉非常糟糕。问题是，在烦躁的当下似乎很难"跳脱出来"，事实也的确如此。）

好消息是，我们有很多方法可以保持"心情稳定"。但首先，需要关注"心情"这个关键概念。

在我们的模型中，就像"信念"一样，心情会从"评估/判断"开始影响下方四个方框的内容，所以现在的模型如图 8-1 所示。

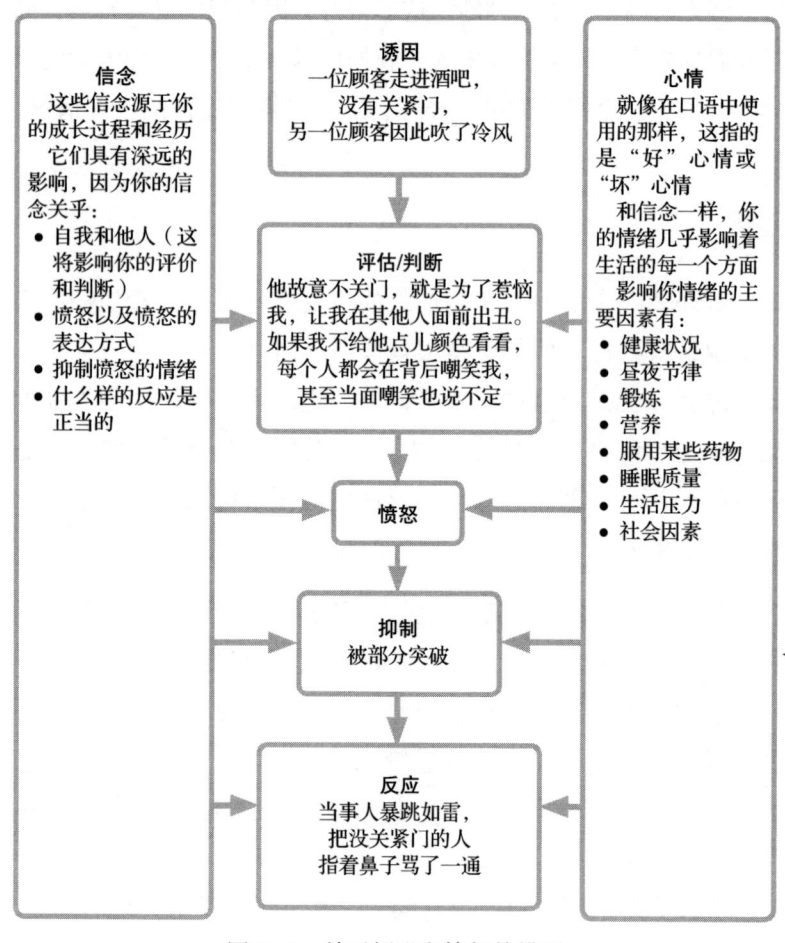

信念
这些信念源于你的成长过程和经历，它们具有深远的影响，因为你的信念关乎：
- 自我和他人（这将影响你的评价和判断）
- 愤怒以及愤怒的表达方式
- 抑制愤怒的情绪
- 什么样的反应是正当的

诱因
一位顾客走进酒吧，没有关紧门，另一位顾客因此吹了冷风

心情
就像在口语中使用的那样，这指的是"好"心情或"坏"心情
和信念一样，你的情绪几乎影响着生活的每一个方面
影响你情绪的主要因素有：
- 健康状况
- 昼夜节律
- 锻炼
- 营养
- 服用某些药物
- 睡眠质量
- 生活压力
- 社会因素

评估/判断
他故意不关门，就是为了惹恼我，让我在其他人面前出丑。如果我不给他点儿颜色看看，每个人都会在背后嘲笑我，甚至当面嘲笑也说不定

愤怒

抑制
被部分突破

反应
当事人暴跳如雷，把没关紧门的人指着鼻子骂了一通

图 8-1 关于烦躁和愤怒的模型

很多人都被自己的心情所困扰，如表 8-1 所示。

表 8-1 好心情和坏心情

情境	蒂姆心情好时如何看待	蒂姆心情糟糕时如何看待
丈夫吃饭发出噪声	没注意	"完全不可忍受"
孩子摔坏东西	"意外总是难免的，我自己也摔坏过很多东西"	"气死我了——他就是太粗心了"
和孩子在候诊室等待两个小时	可能将这视为一个认识其他母亲的机会	怒气冲冲地冲进诊所，当场和医生大吵一架
丈夫把夫妻之间的谈话一五一十地说了出来	对于丈夫和外人谈论"他们之间的事"从不抱正面的态度；然而，"最好置之不理"	"这是最后一根稻草——在那一刻，我真想离开他"
孩子们不听话	为孩子所做的事情发脾气毫无用处，这并不能改变他们	"我不知道为什么要生他们"

从这几个例子可以很清楚地看出，任何人处于好心情/坏心情波动中时，都无法享受生活。一天心情高涨，一天心情低落。一天谈笑风生，一天垂头丧气。更糟糕的情况下，心情每半个小时都会变化。那么，为了保持一个稳定的心情，我们应该注意哪些事情呢？一些主要因素如下。

- 疾病：精神疾病（如抑郁症）或躯体疾病（如病毒感染）都会扰乱你的心情。
- 作息：在饮食和睡眠的时间方面形成固定规律是非常重要的，这可以维持一个稳定的"昼夜节律"。否则你会发现自己永远处于一种"时差"状态，这极具破坏性。
- 锻炼：生命在于运动，不锻炼时，我们很容易变得烦躁。
- 饮食：有些人吃大量的高糖食物，这使他们的血糖水平飙升，然后又降低。有些人吃得太差，饱受营养不良之苦。
- 精神活性物质：我们大大低估了咖啡因、酒精和尼古丁等日常消费品的作用。
- 睡眠：总是睡眠不足确实让人难过。
- 压力：有太多的事情要做，背负太多的压力，很难完成的任务，以及其他生活压力都会严重影响你的心情。
- 社会因素：与朋友、亲戚和同事的争吵，丧亲、分居和离婚，感到孤独——这些只是会影响你心情的部分社会因素。

如果你知道自己有时会变得烦躁，那么很有可能上述因素中有几项你很熟悉。好消息是，我们可以对它们进行改进，在本书的第二部分中，我们将看一看具体要做什么。

这会带来巨大的回报。大多数人更喜欢"情绪稳定"的人，而不是"喜怒无常"的人。

案例研究：马娅

马娅在青春期度过了三年这样的时光，她说："那时只要一个眼神不对，我就会对人发火。"事实证明并不完全如此，她只是偶尔这样。大部分时候她是一个非常友好的年轻人，有很多朋友，家庭生活幸福，偶尔会交男朋友。然而，马娅有时会因为难以持久的恋爱而抑郁，这时她就会变得非常烦躁，甚至当有人想逗她开心时，她的反应也很愤怒。不出所料，一些朋友疏远了她，即使是那些留下来的朋友也变得小心翼翼。

解决马娅的问题，可以双管齐下。

- 首先，她逐步地治疗自己的抑郁，直到她的心情稳定在一种算得上持续快乐的状态。这很困难，因为她正处于一个恶性循环中：抑郁导致烦躁，烦躁导致一些朋友抛弃她，这反过来又加剧了她的抑郁。然而，她采取了三个重要的措施，帮助自己更快乐。
- 其次，处理抑郁的同时，她也在研究我们模型中的"反应"部分。换句话说，她训练自己，每当想要口出恶言时，就"闭上嘴，从一数到十"。

最终的结果是，她和她的朋友们都觉得，马娅现在的生活变得更加稳定，某种程度上也因此更有意义。

总结

- 有时你可能比其他时候更容易烦躁。你可能今天心情很好，明天心情不好。这里的关键概念是"心情"。
- 有很多因素会影响我们的心情，特别是疾病、作息、锻炼、饮食、精神活性物质、睡眠、压力和社会因素。
- 我们可以努力解决这些问题（第二部分将会介绍如何解决），这样，我们只要愿意，就可以不仅很少愤怒，还能始终如一地保持"每天如此！"。

第 9 章

愤怒的目的是什么

和地心引力一样，愤怒也是生活的一部分，因此，开始质疑它是好是坏，就是走进了死胡同。也许通过思考愤怒的目的，我们可以做得更好。作为"人类状态的一部分"，大多数事情都有其存在的目的，愤怒也不例外。

可能的目的

一个目的可能是帮助我们与他人进行"社会化"互动：换句话说，鼓励他人按我们希望的方式行事，或者更准确地说，阻止他人按我们不希望的方式行事。这不仅仅是表述上的区别。事实上，鼓励比惩罚更有可能影响一个人的行为。这一点在一幅古老的漫画中可以得到体现，漫画描绘了一所可怕的老式学校，墙上挂着一个告示，上面写着"士气不提，殴打不止"，这巧妙地表明，有些事情是不能简单地通过殴打、愤怒或其他任何消极手段来实现的。然而，值得注意的是，就我们当前的目的而言，愤怒确实能够有效阻止我们不想要的行为。

这样做的问题是，如果我们碰巧是一个不太宽容的人，那么我们就会觉得"不希望看到的行为"非常多，这反过来意味着我们生命中的很多时间会是愤怒的。

另外，如果我们是非常宽容的人，并且知道自己喜欢和不喜欢什么样的行为，那么愤怒可能是一个非常合适的反应，当然也需要适度。也许在这种情况下，"愤怒"不是最恰当的词，可能"恼怒"更接近一些。如果对方关心我们以及我们的想法，那么哪怕他们发现自己的行为只是有一点儿惹恼我们，也足以使他们改变。

一个好消息是，我们不喜欢的行为比想象中要少得多。以汤姆和埃米莉为例，他们带着10岁和12岁的孩子去海边玩。中午12点30分，快到吃午餐的时间，一家人路过了海滩附近的一辆冰激凌车。10岁的孩子想要一个冰激凌，父亲回答说："不行，再过一刻钟就该吃午餐了。"然而，小男孩并没有就此罢休，他执着地试图说服和哄骗爸爸给他买一个冰激凌，甚至就赖在冰激凌车旁边不走了。

但他的父亲坚持说："我说不行就是不行。如果你真的想吃，午饭后可以吃一个。"

这不太好,这个 10 岁的孩子想吃冰激凌,显然当时他觉得实现这个目标就是天大的事。但他的父亲认为,重要的是要表明立场,让儿子知道不可能想要什么就得到什么。

好吧,我就不说那些讨厌的细节了,但我想说,这场冲突终结了他们一天的愉快旅行时光。

之后我和汤姆谈到了这个 10 岁男孩在这件事中展现出的性格特点。从这件事可以归结出,他是一个非常自信、非常有毅力的男孩,而这两种品质都是汤姆希望儿子长大后能具备的。所以,矛盾的是,他觉得他应该鼓励这些特点,而不是在儿子展现出这些特点时发怒!

对事情做出判断和评估可能会非常棘手,这只是一个小例子。一些情况下,他人的某些特征会得到我们的赞赏而非谴责,有时这些特征却会惹恼我们,这种情况比我们想象得更常见。

归结起来,当我们确实不赞成别人的行为时,用愤怒——或至少是恼怒来表达我们的不赞成是完全正当的。

愤怒和动力

愤怒/恼怒还有另一个目的,那就是提供动力,让我们去做那些本来不会做的事情。

我最愤怒的经历之一是,在一个非常炎热的夏天,我们 9 个月大的女儿被锁在车里,钥匙也被锁在车里。附近有一个援助中心的人,他本可以帮忙,而且我们也是中心会员,但他就是不肯帮忙。

那是 6 月中旬,我妻子不小心把钥匙锁在了车里,孩子还坐在车后座上。她心慌意乱,扔下孩子和车,带着另一个两岁的女儿一起到街上寻求帮助。老天保佑,她在街上不远处发现了一个穿着救援服的人。她向他解释了自己的困境,那人回复说:"你是会员吗?"

我妻子说她是,他又问:"你带会员卡了吗?"

"带了,在车里。"

那个人的回答是:"好吧,没有会员卡我什么也做不了。"

然而,他慷慨地借给她一枚硬币,让她打电话给我,让我带着备用钥匙过来。我以最快的速度赶到那里,把备用钥匙给了妻子,然后去和"救援"人员交谈。

我说的是"交谈",但或许并不准确。我把我对他的看法一股脑儿地砸给他,足足讲了 5 分钟,不少过路人过来看热闹。

现在,如果你要我在阳光明媚的 6 月花费一个下午去给道路救援服务系统的某个人提建议,告诉他如果有人把孩子锁在了车里而自己进不去他应该怎么做,我可能会说我有更重要的事情要做。是愤怒让我慷慨激昂地向这个人提出建议。

同样的道理也适用于我们听说过的那些故事,例如人们对在街上挨打的陌生人提供帮助,或某个国家向另一个践踏邻国人权的国家宣战。

多少愤怒才够

因此,一个有趣的问题出现了:我们需要表现出多大的愤怒才能影响他人的行为?显然,可选的范围很大。就像我们之前说的,如果一个人关心你和你的想法,那么可能表达一点点恼怒就足够了。如果他们不关心你或你的想法,那么你做什么都不会有多大的影响。

(事实上,有不同的规则可以很好地应用到像战争这样的暴力情境中。所以,现在,让我们把范围限定在非暴力的人际关系中。)

想要让某件事行之有效,很多时候不是"越多越好",愤怒也是如此。这里适用的是有时被称为亚里士多德黄金中庸之道的倒 U 形曲线。如果你喜欢图表,那么这个很适合你。通常来说,曲线如图 9-1 所示。这表明,一点点的愤怒会有一些效果;愤怒多一点儿,效果也会多一点儿;但如果你过于愤怒,效果就会下降。

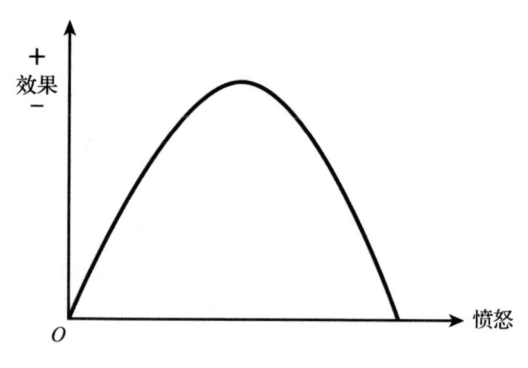

图 9-1 传统的倒 U 形曲线

事实上，对愤怒来说，这种"传统的"倒 U 形曲线并不十分准确。更准确的版本如图 9-2 所示。这表明"最好的"愤怒只要一点点。如果你继续增加，效果就会下降。如果你增加太多，那么效果将是负面的。换句话说，你正在做的事情是适得其反的，非但不会使结果朝着你预期的方向发展，反而会激怒对方，以至于让他们"固执己见"或"唱反调"。

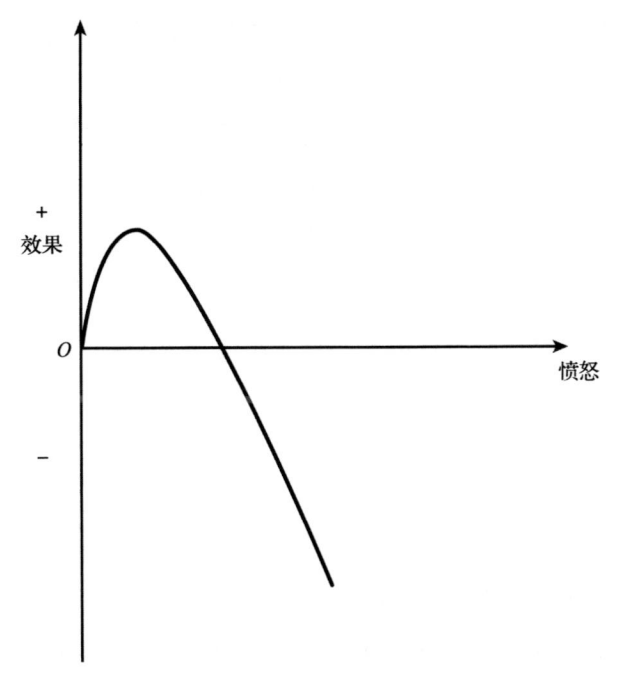

图 9-2 有效愤怒的曲线

如果你不喜欢图表，那就忽略这一部分，想想那些不太会泡咖啡的人。为了便于讨论，让我们假设泡一杯咖啡的最佳用量是一勺咖啡粉。李走过来，在杯子里放了两勺，加了开水和牛奶，坐下来尝了尝，却发现味道不太好。当然，他不知道为什么咖啡味道不好,因为他不擅长泡咖啡。所以他是怎么做的呢?他又加了第三勺,当然,这让味道更糟了。如果他真的绝望了,他甚至会回去再加第四勺。

对我们大多数人来说,这个泡咖啡的例子似乎很荒谬,因为我们知道一个杯子应该放多少咖啡粉。但是李不知道,因为他从来没有自己泡过咖啡,也不知道该怎么泡。这可以类比到一些人和他们的愤怒。他们一开始就表现出太多的愤怒,结果发现没有得到想要的结果。那么他们会怎么做呢?变得更愤怒。在旁观者看来,这就像是李在已经加了太多咖啡粉的情况下,还往杯子里加更多一样奇怪。但在当事人看来,并非如此。他们似乎会说:"如果这么多的愤怒都不起作用,那么可能需要加倍。"

总而言之,愤怒就像盐一样,少量就是最好。太多会毁了一切。

烦躁有目的吗

烦躁呢?同样的观点对于烦躁成立吗?答案似乎是否定的,因为烦躁的本质就是不合理、不恰当的——它更多地反映了你自己的心情,而不是其他人做过的任何事情。

我曾听人说过,"烦躁"的好处是让别人"保持警觉"。这意味着,即使你心情很好,人们也会一直小心翼翼地对待你,就好像你正处于最烦躁的时候,因为人们把你心情好归因于他们"对待你的小心翼翼",所以他们会继续保持。

对大多数人来说，这只有表面上的好处。大多数人都希望在工作和社交场合中被尊重和喜欢，在家里也被喜欢和爱。虽然烦躁可能会迫使别人掩盖他们对你不尊重和不喜欢的表现，但仅此而已。要想获得尊重、喜欢和爱，似乎没有捷径可走。烦躁通常意味着透支的开始。

总结

- 愤怒是可以被接受的，因为大多数人都有愤怒的时候，这是我们必须接受的。
- 然而，我们似乎确实可以通过积极的方式更好地影响周围人的行为，而不是通过发怒。
- 即便如此，通过愤怒——或至少恼怒——来表达对别人所做事情的不满，是一种合理的方式。
- 什么程度的愤怒是合适的？合适的程度几乎总是比我们想象的要少得多。事实上，过多的愤怒不仅没有效果，反而会适得其反。
- 烦躁从来都是不合理的。毕竟，从性质上来讲，它就是不正当的。

=== 练习 ===

思考你在本章中读到的内容，并回答以下两个问题。

（1）一般来说，而不仅仅是对自己，你认为愤怒最普遍的作用是什么？

（2）对你来说，你认为你的愤怒通常是为了什么？

Overcoming
Anger And Irritability

第二部分

解决问题

本书的第二部分聚焦于问题解决。

我相信，读完第一部分后，你对于愤怒和烦躁的相关内容已经有了一定了解。然而，了解不等于解决。在第二部分中，我们将会进一步探索问题解决的各种方案。

你可以采取不同的方式阅读本书的第二部分。通过阅读每个章节的标题（它们能为你预告章节内容以及可能的收获），你可以直接选择与自己的问题最相关的章节进行阅读。哪怕只是阅读部分内容，你的问题也会在一定程度上得到回答。所以，你可以自由挑选想要阅读的章节。

当然，你也可以按顺序阅读每一章。这并非徒劳，即使某些章节的内容初看并不适用，但依然可能于你有益。本书中有许多案例，其中一些会反复出现，你可能会发现自己很容易与某些案例产生共鸣。

每章的末尾都有一个总结和至少一项作业。如果你认真完成这些作业，它们一定会使你受益匪浅。

无论以何种方式阅读第二部分，我都衷心地希望它能对你有所帮助。

Overcoming
Anger And Irritability

第 10 章

了解愤怒的原因

现在，请你回想一下第 4 章，我们从那里开始构建关于烦躁和愤怒的模型。或许你还记得这个模型的基本框架，正如图 10-1 所示。当然，这是模型的核心部分，仅涵盖了三个最重要的元素。模型发展后所添加的部分没有囊括在内。值得注意的是，图 10-1 中的三个元素，牵一发而动全身。只要其中之一发生改变，烦躁和愤怒的恶性循环就会终结。

例如，贾斯廷愤怒的诱因是：邻居放音乐的声音太大。如果没有这一诱因，那么，贾斯廷也不会烦躁和愤怒。当然，即使有诱因（邻居放音乐），如果贾斯廷认为"邻居们正在享受休闲时光。这正是生活呀，这正是我们应该享受的生活呀"，他仍旧不会产生愤怒。退一万步讲，即便有诱因，而且贾斯廷认为

"他们太差劲了，必须得有人管管他们"，只要他能够出门去周围看看朋友，或者戴上耳机，他都不会表现出烦躁或者愤怒。

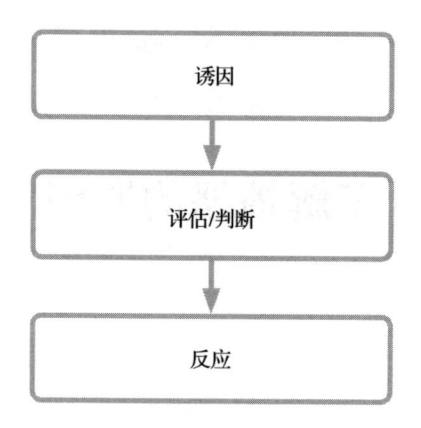

```
┌──────────┐
│   诱因   │
└────┬─────┘
     ↓
┌──────────┐
│ 评估/判断 │
└────┬─────┘
     ↓
┌──────────┐
│   反应   │
└──────────┘
```

图 10-1　关于烦躁和愤怒的模型

图 10-1 所示的模型提供了三种相应的解决方案。

（1）想办法让邻居不要放音乐。
（2）从不同的角度理解这件事情。
（3）用不同的方式回应。

贾斯廷的例子中，你觉得哪一个解决方案最优？我比较倾向于方案 1（当然，这是最理想的情况），或者方案 2。

再想想埃米的例子。当她发现 12 岁的女儿在浴室洗头而不是整理房间的时候，她彻底"失控"了。同样地，也有三种可能的解决方案。

（1）想办法让女儿整理房间。
（2）从不同的角度理解这件事情（"嗯，好吧。起码她也在整理，只不过是整理自己罢了"）。
（3）用不同的方式回应。例如，埃米可以转身离开，让自己冷静一会儿，然后（再次）告诉女儿，她希望女儿能在洗完头以后去整理房间。

每个人都会有不同的选择。在这种情况下，或许方案2和方案3要优于方案1。

那么奥马尔呢？奥马尔忍不住冲着第五个进入酒吧不关紧门的人"咆哮"。在这种情况下，他可以：

（1）远离诱因（在出现几次这种情况之后，就搬去另一张桌子）。
（2）从不同的角度理解这件事情（生活中有很多远比每20分钟就得关一次门更糟糕的事情）。
（3）用不同的方式回应。比如说，要求每个进来的人把门关上。

在奥马尔的情境中，方案1和方案3或许都是不错的选择。

你看，即使是依据三个核心元素的简单分析，也能帮助我们找到一些非常不错的解决方案。

不过有趣的是，在这些案例中，似乎每个人都是"受害者"，对于发生的一切无能为力。所以贾斯廷会指责邻居（"碰上你这样的邻居真是倒大霉了"），埃米会诉说女儿有多"难搞"，而奥马尔经过"酒吧事件"后，更加坚信了人们有多不懂礼貌（甚至是没教养）。

坚持写日记

事实上，没有人注定是受害者。一旦我们"驾驭"了问题的本质，就能做到很多事情。换言之，一旦你清楚地知道使你烦躁和愤怒的诱因是什么，问题就已经解决了一半。坚持写日记，是能有效帮助你了解这些诱因的工具之一。

记录方式请参见日记1。如你所见，它由两个部分组成。你需要在第一个部分内写下诱因，在第二个部分内写下你的反应。更多内容请参见附录。

记录日记非常重要。正如前文所述，它们的目的是帮你掌握烦躁和愤怒的原因。能做到这一点，你已经成功了一半。如何完成这份空白栏呢？答案是：最好在每次烦躁或愤怒的时候都记一页日记，并且在事件发生后越快记录越好。与此同时，记录的内容越完整越好。在下面几页中，我将用前面的情境向你演示如何记日记。

日记1

请试着记录下你感到烦躁或者愤怒的时候。最好在事件发生后尽快填写。尽可能清楚地记录是什么原因引起了你的烦躁或愤怒，以及你的反应是什么。

诱因（星期几、日期、时间）

反应（你做了什么）

案例a

诱因（星期几、日期、时间）

6月3日，星期六。上午11点15分。隔壁的孩子在街上踢足球。他们已经在我门口的草坪上跑来跑去好几次了，最终还一脚把球踢到了我的窗户上。

反应（你做了什么）

我冲了出去，把球从他们手上夺走，然后按响了隔壁家的门铃，并对他们的妈妈大发雷霆。

案例b

诱因（星期几、日期、时间）

6月3日，星期二。晚上8点。一家人坐在一起吃饭。我老公又一次很大声地吧唧嘴，大半条街都能听得到。我觉得他就是故意惹我生气。或者，他根本不在乎我会不会生气。他就是不停地往嘴里塞食物，边嚼边跟我说话。

反应（你做了什么）

我没有说什么，也没有做什么，只是感觉心里很堵。我也没有和他好好谈谈，只是非常后悔和他结婚。关于他的坏习惯，我已经跟他说过几十次了，再说一遍又有什么意义呢？在某种程度上，这代表了他就是这样一种人——完全不在乎我，只在乎自己。

案例c

诱因（星期几、日期、时间）

6月7日，星期三，下午3点30分。老板让我外出去斯丘达莫尔街处理一项事务。用户不确定一些线路是否安全，想要有人去查看一下。问题是，老板明知道我有很多工作要做,他只是在利用我,因为他知道我不会抱怨。

反应(你做了什么)

我只是对他很冷淡,这样他就知道我被激怒了,而且觉得他很过分。但我还是完成了总部里的工作,然后跑去把这个应该由其他人负责的线路处理好。这些工作我做得很好。

案例 d

诱因(星期几、日期、时间)

4月10日,星期四,下午6点30分。我一整天都在催我女儿整理她的房间,她一直说马上,或者晚一点儿就做。然后六点半左右的时候,我发现她坐在浴缸里,只是在洗头发,并且故意挑衅我,说:"现在你打算怎么办呢?"

反应(你做了什么)

我真的气坏了。我对着她大喊大叫——肯定有10分钟。她的脸色变得非常苍白,回想起来,我真是太过分了。但这很有效,后来她确实整理了房间。

案例 e

诱因(星期几、日期、时间)

7月27日,星期三,下午4点15分。除了像往常一样感到压力很大之外,并没有真正的诱因。在这些天的工作中,有那么多不同的人对我提出如此多的要求,我不可能满足每个人的所有期望。因此,当贾森只是随口说了几句话时,它们就变成了压死骆驼的最后一根稻草。

> **反应（你做了什么）**
>
> 我对贾森大发雷霆，责怪他的态度。这完全不公平，他只是在开玩笑而已。比起贾森的态度，我更多是因为我自己的状态而发火。但无论如何，我后来向他道歉了，现在我们的关系似乎恢复正常了。

阅读你的日记

好吧，暂时先不要读你的日记。首先让我们学习如何分析别人的日记。

先快速回顾一下阅读这些日记的意义：深入了解是什么引发了你的烦躁和愤怒，以便你能够对此采取行动。要做到这一点，你首先需要培养敏锐地阅读日记的技能。

现在让我们按顺序举几个例子。

首先，再看一下这个例子，马里厄斯讲述了邻居家的孩子们在街上踢足球是如何将他逼得心烦意乱的。你认为以下哪种行为是可能的诱因？

（1）孩子们反复跑过他的草地。
（2）孩子们把球踢到了他的窗户上。
（3）他觉得邻居们一点儿也不为他着想。
（4）他认为孩子们在街上玩耍会让这片街道看起来很糟糕。

在这个特定的情形中，马里厄斯给出的答案是选项1选项2，但真正让马里厄斯感到恼火的是，邻居们不为周围的人着想,而且也确实使这个街道看起来很糟糕。所以在某种程度上,马里厄斯的愤怒更多是与他对诱因的评估和判断有关,而非诱因本身。尽管如此,如果他想厘清自己的烦躁和愤怒,他需要发现在男孩们踢足球这件事里面,让他感到愤怒的"可见的"诱因。一旦他知道这是自己的弱点,并且下定决心的话,他就能找到重新评估它的方法。如果马里厄斯想变得不那么烦躁和愤怒,他可以从另一个角度来看待在外面踢球的孩子。他可以简单地把这件事看作"孩子们玩得很开心"的体现并且"表明这个街道是个热闹的地方"。但你认为这可能对他有用吗?我觉得没用。

那怎么办呢?在这种情况下,重点是去看看有什么可能的反应。他的反应是把球从孩子们手中夺过来,大喊大叫,并且斥责他们的母亲。你认为他还可能做出什么样的反应?你认为以下哪种反应最好?

(1)打开电视,把音量调大,直到他们的球赛结束。
(2)每当孩子们在街上出现时,都去拜访一下他们的母亲,并以尽可能友好的方式表达他的观点。
(3)什么都不做,只是把这一切从他的脑海中屏蔽掉。
(4)采取"相反的行动"[请参见美国心理学家玛莎·莱恩汉(Marsha Linehan)的研究]。例如在这种情况下,相反的行动就是走到街上去加入足球比赛。不需要去和孩子们讲什么难懂的大道理,而是每当他们出现时,真正地享受一场和他们的足球赛即可。

你会选择哪个?我认为选项 2 比较好:只要孩子们在街上

出现，他就可以随意去转一圈并友好地提出他的观点。选项 4 也很好，而且可能会改变现状——这取决于他是否能说服自己这样做，他可能会发现自己真的喜欢上了和孩子们踢球，也许还能提高他的球技！

许多愤怒和烦躁的人错误地认为，最好的反应是选项 3 "什么都不做"。这并不一定正确。坚定地维护自己的权利很可能是正确的，但"坚定"并不意味着"愤怒"或"攻击性"。再或者，对于一些人来说，坚定地维护自己的情绪健康才是最优的选择。那么，在这种情况下，选项 4 是最合适的。

在这个例子中，也许最好的办法是让马里厄斯改变他的反应；他也正是这么做的。然而，我们的出发点是要让他弄清楚什么触发了他的愤怒，而不是仅仅归咎于"脾气不好"。

艾莎的情况又是怎样的呢？她因为丈夫吃东西时声音很大而非常恼火。同样地，你认为什么才是她恼怒的真正诱因？

（1）她丈夫吃饭吧唧嘴——他应该学会更安静地吃饭。
（2）他在咀嚼的时候继续和她说话。
（3）她认为这象征着他们根本不合适。
（4）除了为她丈夫在吃饭时发出的噪声烦心之外，她没有更好的事情可做了。

选项 1 和 2 是最直接的诱因。那么，如何才能消除它们呢？用耳塞来降低噪声是没有用的。在他咀嚼时和他交谈，这样他就不会想要在嚼东西时说话了？也许还是不行。

实际上，问题在于艾莎的评估，即咀嚼象征着他们根本不合适。因此，最终需要解决的要么是这一评估，要么是他们"不合适"这个想法本身。尽管如此，她确实需要弄清楚最初的诱因，以便对其采取行动。在这期间，她也可以要求丈夫咀嚼的时候安静一点儿。不过这么做，或许会让她忽略了问题的关键。

另一个例子涉及洛拉十几岁的儿子纳撒尼尔，他在地板上摔碎了一个杯子。同样，诱因是什么呢？

（1）杯子碎了。
（2）杯子的价格。
（3）杯子掉在地上发出的刺耳噪声。
（4）洛拉认为儿子很粗心，需要教训一下。

选项1是"最直接"的诱因，而选项4所描述的情况往往穿插其中。如果洛拉知道是什么诱发了她这样的想法（"儿子很粗心，需要教训一下"），她就可以换一种更有益的评估方式，并且不断在实践中练习。（这种新的评估可能是："我们都总是会不小心把东西摔坏，更别提青春期的孩子了。我没有必要为这种事焦躁。"）

所以，看了这些案例后，我们学会了什么呢？

- 有时候很难准确地分辨诱因是什么。因为"最直接"的诱因很容易和我们的主观评估混在一起。
- 将两者区分清楚能够让你有机会形成新的评估——一种有益的评估，并且在下次"旧事重演"时，可以使用这种新的评估方式。

- 写日记很有用，参见日记1中的示例。
- 关键在于学习新的反应方式，例如改变对待邻居的方式，拜托人们关上门，解决表面和睦之下暗藏的问题，让孩子收拾好摔碎的杯子。同样，在做出更好的反应之前，我们需要先弄清楚是什么诱发了我们的烦躁和愤怒。

现在我们继续看看其他案例。布兰登是一个电工，他的老板安排了过量的工作。什么是让他烦躁和愤怒的真正诱因？

（1）工作超负荷。
（2）感觉被老板压榨了。

最直接的诱因是超负荷的工作，而感受到被老板压榨是布兰登自己的主观评估。

再看一个例子。尼什，一位压力巨大的主管。以下是他所描述的自己勃然大怒的诱因。

（1）试图处理数量超出他工作能力的工作。
（2）有一个笨拙的同事。
（3）那天的心情本来就很糟糕。

根据尼什的描述，这三件事情同时导致了他勃然大怒。他"心情糟糕"，当然是因为工作超出了负荷，但原因也可能在于同事比较木讷。愤怒的诱因有时候会比较复杂，比如说"在我超负荷工作并且心情糟糕的情况下，我的同事还很没眼色"。很可能上述三个因素中（没眼色、超负荷工作、心情糟糕）没有一个能单独发挥作用让他感到烦躁。

（再次）分析你的日记

上一节帮助你发展了阅读日记的整体能力，这意味着你也将很擅长阅读自己的日记。

接下来，你需要做的就是按照流程，用日记记录下自己烦躁和愤怒的经历。然后通过分析日记来确定诱因。

试着为自己建立一个烦躁和愤怒的诱因列表（简短版）。下面的例子是其他人写下来的诱因。

- 放音乐太大声的邻居。
- 隔壁的孩子们在街上踢足球。
- 不体贴的邻居。
- 不体贴的人（比如酒吧开门不关的人）。
- 自私的人（比如插队）。
- 我的丈夫吃饭吧唧嘴。
- 我的丈夫／妻子。
- 我的孩子。
- 我的恋人。
- 同事乔治。
- 我的儿子很粗心。
- 被迫等待很久。
- 在公众场合被反驳或被指出错误。
- 被我的老板安排了过多工作。
- 被我的男朋友甩了。
- 我的恋人是个"大嘴巴"，把我们之间的私密事情告诉别人。

- 我的妻子和其他男人说笑。
- 当众出丑。
- 我的女儿很懒。
- 我的女儿不听话。
- 我的儿子撒谎。
- 有人偷我的东西或破坏我的财物。
- 保镖。
- 警官。
- 感到饿了。
- 开车被"加塞"。
- 挤地铁。
- 压力很大。
- 无聊。
- 疲劳。

总结

- 弄清楚你的烦躁和愤怒的诱因很重要。
- 一旦弄清楚了,你就可以消除这个诱因(尽管不太可能),或者采取一些其他措施,我们将在稍后部分详细描述。
- 确定烦躁和愤怒的诱因的最好方法是写日记,你很难仅仅通过回忆寻找诱因。你可以参考本章或附录中的日记1进行记录。
- 当你写日记时,你会发现自己有时会混淆"诱因"和"主观评估"(比如说,将诱因写作"酒吧里有六个自私的家伙",而不是"六个人进来了,他们没有关紧门")。当然，在认真评估之后，或许你会发现"自私的人"是让你愤怒的原因。那么在你填写诱因列表（简短版）时，也可以把"自私的人"而非"没有关紧门"认定为真正的诱因。

- 参考前文中，其他人为自己的愤怒找出的诱因，或许对你填写自己的列表会有些帮助。

作业

- 通过写日记（日记1），你可能会清楚地知道是什么诱发了你的烦躁和愤怒。诱发因素可以是具体的（有人没有关等候室的门），也可以是抽象的（我的儿子很粗心，这表现在很多方面）；可以是外部的（某人做的某些事，比如，把杯子摔在了地上），也可以是内部的（自己内心的感受，比如，无聊、疲惫）。无论用什么方式，请一定要试着完全了解烦躁和愤怒的诱因，只有这样，倘若有人问起，你才可以给出非常具体的解释。

- 当然，如有可能，你可以试着消除诱因。你会发现这非常难。并不是所有诱因都可以被消除。不必太过担忧。接下来的章节会教你如何处理那些不能被消除的诱因。不过，如果你可以轻易地摆脱某些诱因，那就消除它们吧。

- 小提示：有人认为"摆脱诱因"等同于"自欺欺人"。因为他们认为自己应该学会如何面对和处理这些诱因。我并不同意。如果你可以摆脱那些让你愤怒的事物，为什么不呢？不过当然，我们也会在本书中学习如何应对这些诱因。

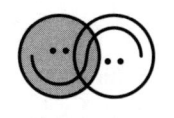

Overcoming
Anger And Irritability

第 11 章

我为什么会愤怒 1

本章你将学习到：

- 标题中问题的答案，它更完整的表述是："为什么我总是为一些不会困扰其他人的事情感到烦躁和愤怒？我该如何解决它？"
- 对愤怒情境进行评估和判断时的常见错误。
- 通过案例分析，提高对常见错误的辨别能力。
- 如何避免上述错误并做出更好的评估与判断。
- 如何使行为发生长久的改变。

为什么我总是为一些不会困扰其他人的事情感到烦躁和愤怒

这个例子我们之前介绍过，只是方式有所不同。

- 有一个潜在的诱因,例如,尽管你反复要求,但还是发现 12 岁的女儿在浴缸里洗头发,而没有去整理她的房间。
- 用一种可能会引发愤怒的方式,对这一情境进行评估/判断,例如:"她就是故意挑衅,想惹我生气。"(值得注意的是,还可以选择另一种评估方式,即:"嗯,她确实没有整理房间,但至少保持了自己的干净和整洁。")
- 如果你用容易引发愤怒的方式评估这件事情,愤怒就会随之而来。
- 或许你的抑制能力很强,足以隐藏你的愤怒。
- 也可能你的抑制能力没有那么强,所以情绪就爆发了,例如:你对着女儿怒吼一通。

在本书的第一部分,我们用如图 11-1 所示的模型总结了这个过程。

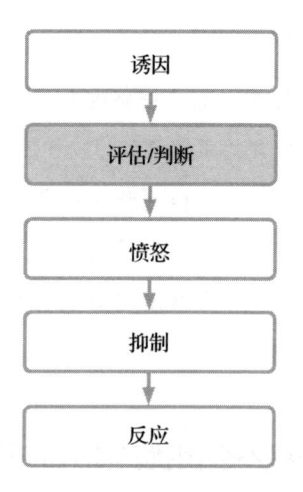

图 11-1　关于烦躁和愤怒的模型

对诱因的评估和判断:最常见的思维错误

精神病学家和心理治疗师阿伦·贝克(Aaron T. Beck)对常见的思维错误进行了大量的研究。结果发现,错误并非随机出现:人们所犯的错误往往是相当特定的几种。也许"错误"这个词应该加引号,因为这些评估不一定是错误的,但通常对你毫无益处。继续读下去,你会明白这是什么意思。

贝克给不同类别的思维错误分别进行了命名。以下是我认为最重要的一些。

选择性知觉

顾名思义,"选择性知觉"是指只看到了故事的一部分,而没有看到全部。例如,埃米12岁的女儿确实在洗头发,而"没有整理她的房间"——但这只是故事的一部分。她也在保持自己的干净和整洁。结果证明,这一点尤为必要,因为她第二天早上要参加学校的演出,所以"打扮自己"是非常重要的。然而,埃米只看到她"没有整理房间"。

读心术

同样,这也是字面意思。上面的例子中,埃米所说的"她为了惹我生气故意这样做"就体现了这一点。她怎么知道女儿是故意惹她生气?唯一的答案就是通过读心。问题是,我们都知道,读心术是不可能的。埃米无从得知女儿是不是想要故意气她,所以匆忙下结论毫无益处。她也可以得出相反的结论,即女儿并没有故意气她。这是一种非常普遍的思维方式:许多人认为，别人是故意想激怒他们。

非黑即白

这是指当事情不如意的时候，就觉得一切糟糕至极。回到刚才的例子，当女儿没有听话地整理房间时，有些母亲就会告诉别人"我多希望我女儿能去整理一下她的房间。你知道吗，我昨天一整天都在唠叨，但她还是没有整理"，还有一些母亲会觉得"这简直糟糕透了""完蛋了"。这就是一个"非黑即白"的例子：把事情要么看成是极好的，要么是极差的；要么完美无缺，要么糟糕透顶，等等。我们需要培养在灰色地带思考和谈论事情的习惯，例如，事情可能"不如意"，但不一定"糟糕至极"。

使用情绪化语言

埃米使用了哪个高度情绪化的词给 12 岁的女儿"贴标签"？我觉得是"挑衅"。她认为女儿是在故意挑衅她。这是一个非常激烈的词，会让母女变得敌对。谁先开始挑衅，谁就要先道歉——这种想法毫无益处。

另外，虽然听起来好像"情绪化的语言"是说给别人的，但当我们做出判断时，往往是在与自己对话，所以使用的语言可能更加情绪化。我们无法想象，自己对其他人（甚至是家人）可能会使用一些多么过分的词，这些词可能你永远都无法大声说出口。

以偏概全

这是指我们观察到某一个事实（例如，女孩没有整理她的房间），然后基于单一证据做出全盘性的结论（例如，"她懒到了极点"或"她从来不做我让她做的任何事情"）。相反，仅仅描述准确的事实，即"让她整理房间很困难"，要好得多。这不仅做到了"对事不对人"，也澄清了问题是什么（整理房间）。以偏概全是十分常见也最具破坏力的思维错误之一。

作业

这五种常见的思维错误非常重要。因此，我希望你先暂停阅读，回顾一下上面的五种错误；然后试着根据自己的具体情况，分别为每种错误举一个例子。也即找出：

- 一个你出现"选择性知觉"的例子（只看到了故事的一部分）。
- 一个你使用"读心术"的例子（错误地认为我们知道别人的意图，而实际上不可能做到）。
- 一个"非黑即白"的例子（认为事情"糟糕至极"，而不只是"不如意的"）。
- 一个使用情绪化语言的例子（以一种必然会让你"发火"的方式描述一件事）。
- 一个你"以偏概全"的例子（基于单一证据做出全盘性的结论）。

注意，不要因为这些错误而责怪自己。这些思维错误很常见，但它们通常也毫无益处。

在这些评估／判断中出现了哪些思维错误

下面是一些诱因，以及当事人做出的评估／判断。每个例子后面都列出了人们在评估／判断中可能出现的五种典型思维错误。你的任务是，用下划线标出每个例子中涉及的思维错误（不幸的是，一个评估中可能会同时出现多种错误）。同时，在每个例子中划出你认为最主要的那一个。

前三个例子将作为示范。

(1) **诱因**：贾斯廷的邻居很吵，在隔壁大声放音乐。这种情况每周发生一次，通常持续一到两个小时。

贾斯廷的评估："他们是在故意烦我，也根本不在乎我怎么想。"

错误：选择性知觉／<u>读心术</u>／非黑即白／<u>情绪化语言</u>／以偏概全。

(2) **诱因**：马里厄斯邻居家的孩子们在街上踢足球。这种情况每隔几天发生一次，通常他们的球赛会持续大约45分钟。

马里厄斯的评估："他们真是该死的讨厌鬼，完全不尊重任何人，住在这里真是糟糕透顶。"

错误：选择性知觉／读心术／非黑即白／<u>情绪化语言</u>／<u>以偏概全</u>。

(3) **诱因**：奥马尔与卡洛斯和瑞安一起坐在酒吧里，第五个人走了进来并且没有关紧门（之前已经有四个人也是这样）。

奥马尔的评估："他们就是目空一切，毫不尊重别人。"
　　错误：选择性知觉/读心术/非黑即白/情绪化语言/以偏概全。
（4）**诱因**：埃米的丈夫在吃东西时，一边吧唧嘴，一边和她说话。
　　埃米的评估："我不能忍受他吃东西的方式，这正说明我们不是一类人。"
　　错误：选择性知觉/读心术/非黑即白/情绪化语言/以偏概全。
（5）**诱因**：洛拉十几岁的儿子纳撒尼尔打碎了瓷杯。（写作业的时候，纳撒尼尔是非常仔细的。）
　　洛拉的评估："他对任何事情都不关心，也根本不在乎。"
　　错误：选择性知觉/读心术/非黑即白/情绪化语言/以偏概全。
（6）**诱因**：妮科尔带着5岁的女儿在门诊部等了很久。她看到了医生和护士在认真工作。一个半小时后又看到他们喝茶休息，放松聊天。
　　妮科尔的评估："他们不关心我们中的任何一个人，他们只会休息，以及相互调情。"
　　错误：选择性知觉/读心术/非黑即白/情绪化语言/以偏概全。
（7）**诱因**：在一次聚会上，埃罗尔的妻子多次当着别人的面反驳他。

埃罗尔的评估:"她是故意想让我出丑,让我看起来很蠢——我再也忍不了了。"

错误:选择性知觉/读心术/非黑即白/情绪化语言/以偏概全。

(8) **诱因**:布兰登的老板在一天快要结束时,要求他做另一项任务,这让他不得不加班。这位老板其他时候还算公平。

布兰登的评估:"他总是对我不公平,他就是一个混蛋。"

错误:选择性知觉/读心术/非黑即白/情绪化语言/以偏概全。

(9) **诱因**:丹尼和交往已久的女友维基说了一些秘密。然而,维基却把这个秘密告诉了其他几个人。

丹尼的评估:"这太过分了——她根本分不清对错。"

错误:选择性知觉/读心术/非黑即白/情绪化语言/以偏概全。

(10) **诱因**:勒米和埃拉已经结婚好几年了。埃拉从来没有过婚外情,总体来讲,她是一个非常好的伴侣。然而,她有时也会和其他男人说笑。

勒米的评估:"她没有任何忠诚可言。如果我有一点儿不顺她的意,她就会毫不犹豫地离开。"

错误:选择性知觉/读心术/非黑即白/情绪化语言/以偏概全。

参考答案如下。

（4）**诱因**：埃米的丈夫在吃东西时，一边吧唧嘴，一边和她说话。

埃米的评估："我不能忍受他吃东西的方式，这正说明我们不是一类人。"

错误：选择性知觉 / 读心术 / 非黑即白 / <u>情绪化语言</u> / <u>以偏概全</u>。

（5）**诱因**：洛拉十几岁的儿子纳撒尼尔打碎了瓷杯。（写作业的时候，纳撒尼尔是非常仔细的。）

洛拉的评估："他对任何事情都不关心，也根本不在乎。"

错误：<u>选择性知觉</u> / <u>读心术</u> / 非黑即白 / <u>情绪化语言</u> / 以偏概全。

（6）**诱因**：妮科尔带着5岁的女儿在门诊部等了很久。她看到了医生和护士在认真工作。一个半小时后又看到他们喝茶休息，放松聊天。

妮科尔的评估："他们不关心我们中的任何一个人，他们只会休息，以及相互调情。"

错误：<u>选择性知觉</u> / <u>读心术</u> / 非黑即白 / 情绪化语言 / 以偏概全。

（7）**诱因**：在一次聚会上，埃罗尔的妻子多次当着别人的面反驳他。

埃罗尔的评估："她是故意想让我出丑，让我看起来很蠢——我再也忍不了了。"

错误：选择性知觉 / <u>读心术</u> / 非黑即白 / <u>情绪化语言</u> / <u>以偏概全</u>。

（8）**诱因**：布兰登的老板在一天快要结束时，要求他做另一项任务，这让他不得不加班。这位老板其他时候还算公平。

布兰登的评估："他总是对我不公平，他就是一个混蛋。"

错误：<u>选择性知觉</u> / 读心术 / 非黑即白 / <u>情绪化语言</u> / <u>以偏概全</u>。

（9）**诱因**：丹尼和交往已久的女友维基说了一些秘密。然而，维基却把这个秘密告诉了其他几个人。

丹尼的评估："这太过分了——她根本分不清对错。"

错误：<u>选择性知觉</u> / 读心术 / 非黑即白 / 情绪化语言 / <u>以偏概全</u>。

（10）**诱因**：勒米和埃拉已经结婚好几年了。埃拉从来没有过婚外情，总体来讲，她是一个非常好的伴侣。然而，她有时也会和其他男人说笑。

勒米的评估："她没有任何忠诚可言。如果我有一点儿不顺她的意，她就会毫不犹豫地离开。"

错误：<u>选择性知觉</u> / <u>读心术</u> / 非黑即白 / 情绪化语言 / 以偏概全。

总结：评估 / 判断中的常见错误

- 选择性知觉：只看到了事情的一部分。
- 读心术：认为自己知道别人在想什么，尤其是知道他们的意图。
- 非黑即白：将不理想、不符合心意的事情看作糟糕的、悲剧的、可怕的、灾难性的等。
- 情绪化语言：在自己心里使用高度情绪化的、几乎必然会引起愤怒的措辞。
- 以偏概全：将一个真实的观察过度概括。

第 12 章

处理你的思维错误

举一反三,自我分析:运用"评估、判断和思维错误"

你已经学会了如何分析别人的例子。现在,请试着练习进行自我分析。为此,我们需要丰富日记内容,如下所示。

日记 2

每当你感到烦躁或愤怒之后,请尽快填写下面的空白栏。

> **诱因**:试着描述一下,如果有一台录像机记录了当时的情境,它会"听"到什么,"看"到什么。写下具体的日期(以及星期几)。不要写想法或反应。

_____

_____

_____

_____

评估/判断：回忆当时的情境，在这里尽可能清晰地写下当时脑海中的想法。

_____

_____

_____

愤怒：暂时空着。

_____

_____

_____

抑制：暂时空着。

_____

_____

_____

反应：如果录像机也记录了你当时的反应，尽可能清晰地写下，它"听"到你说了什么，"看"到你做了什么。

_____

_____

_____

　　更有益的评估/判断：还有什么其他的评估方式？为了更好地回答这个问题，请思考你陷入了哪些思维错误（选择性知觉、读心术、非黑即白、情绪化语言、以偏概全）。

_____

_____

_____

_____

　　如果你有一个无所不知的朋友，他会如何看待这种情况？

　　有没有可能换一个角度理解当下的情况？（装了一半水的杯子既可以看作半空的，也可以看作半满的。）

　　权衡当下的情况，你的成本和收益是什么？

_____

_____

_____

_____

让评估/判断更有益的方法

有四种方法可以做到这一点。

识别并消除"思维错误"

这要从分析你的评估/判断开始。例如，埃米可能会意识到"我的女儿没有整理她的房间"是一种思维错误,即"选择性知觉"。换句话说,虽然女儿确实没有整理房间,但她在洗头发。她想以一个干净整洁的形象参加第二天早上的学校演出。埃米完全忽略了女儿行为的积极方面。她仅仅看到了没有整理房间这件事。大多数情况下,识别"错误"后,改变也会随之而来。

同样地,埃米可能也会发现自己在犯另一个错误——"读心术"。在这个例子中,她对自己说,女儿是"故意惹她生气"的。很明显这是读心术,她又不是女儿肚子里面的蛔虫,怎么可能知道女儿的意图呢?一旦识别出这个"错误",埃米就会开始动摇。

她可能也会意识到,自己"灾难化"了这件事情。换句话说,她把女儿没有整理房间这件事当成了"世界上最大的事情"——用她自己的话说,就是有些"夸大其词"。

她还使用了情绪化的语言,将女儿的行为定义为"挑衅"。这个词,会引发强烈的情绪反应。更重要的是,这也是一种"读心术":它意味着埃米可以看出女儿有某种特定的动机。改变情绪化的语言很简单——不要用这个词,也不要在脑海中想跟这个词有关的内容。

最后一个错误是"以偏概全",例如称女儿"懒到了极点"。实际上并非如此:女儿在其他各种事情上都做得很好(例如,注重自己的干净和整洁,参加学校的演出,等等)。同样,在这个例子中,识别"错误"后,改变也会随之发生。

一般来说，很少有人会同时陷入五种错误。当然，这也正是埃米和她的女儿成为"典型"的原因！

"朋友技术"

你可以这样对自己说：如果我有一个无所不知的朋友，一个只为我的利益着想的人，那么为了让我受益，他会如何评估这种情况呢？

对于埃米的情况，这位朋友可能会说："行了埃米，别管你女儿了。她是个好孩子，至少保持了自己的干净和整洁，这已经比很多人强了。况且，在妈妈要求整理房间的时候就去整理的孩子能有多少？"

如果你经常练习，并且能够塑造出这个无所不知的朋友形象，这可以变成一个强有力的技术。这个朋友不一定是真实存在的人——虚构出来的也许更有帮助。他只需要是一个非常睿智的、以你的利益为重的、总是站在你这边的人。

顺便说一下，有些人更喜欢反过来做，也即问自己："如果你的一个好朋友遇到了这种情况，为了提供建设性的帮助，你会对他说些什么呢？"

重构诱因

大多数"坏消息"也可以被重构为"好消息"。最著名的例子是，装了一半水的杯子既可以看作半空的（坏消息），也可以看作半满的（好消息）。

那么，你会怎么重新理解这个情况呢：尽管被唠叨了一天，

12岁的女儿却还是坐在浴缸里洗头发，没有整理房间。有几个可能的选择。一个是简单地去关注好的、"半满"的方面，即在这种情况下，她也在保持自己的干净和整洁，为第二天的演出做准备。另一个可能的理解是，女儿有足够的安全感，不害怕也不觉得自己必须完全服从妈妈的要求。这通常会被看作"高质量的亲子关系"，一般不会引起愤怒情绪。第三个可能的理解是，女儿没有轻易服从别人的命令，从中可以看出她的自信和坚定，而这两个特点恰恰都是我们希望年轻人养成的良好品质。

有些情况则更加难以换个角度重新思考。以奥马尔为例，他坐在门口，而每一个走进酒吧的人都不关紧门。听起来很难找到积极的一面。但从更宏观的角度来看，事情可能会有所不同。假设你的聊天对象是一个刚刚在土耳其地震中失去所有财产的人，或者一个在孟加拉国洪水中失去亲人的人，或者一个在南美洲自然灾害中失去所有财物和亲人的女人。这个时候，你告诉他们，有一个人正在跟两位好友相聚，喝着酒，聊着天，而当偶尔有人开门不关时，他把这看作一场灾难。对此，他们可能会说些什么呢？

严格来说，重构就是换个角度看问题。它可以让固执的人动摇。但是，这个技巧有时并不奏效。只有当新的角度与自己息息相关时（例如，将12岁的女儿视为"一个正在打扮自己的、为第二天演出做准备的好孩子"），人们才会相信它。当然，第二个例子中，去想象一个更不幸的人，对我很管用。或许它对你也有效。

成本效益分析

值得高兴的是，对评估/判断进行成本效益分析，一点儿也不像听起来那么困难。它真的只是分析一下利弊而已。

当然，为了阅读的顺畅，我们最好一直使用埃米的例子。但我有点儿腻了，所以来看看亚伦吧。亚伦的儿子，也是12岁，为了看电视，谎称已经完成了作业。当亚伦检查作业，发现儿子只写了一点儿的时候，他心里想："这孩子是个骗子，他试图欺骗我，如果继续这样下去，他的人生会变成什么样子？不会有什么好结果的，学校里的其他孩子都会比他做得更好……"

显然，这是一种选择性知觉。这个男孩仍有许多未知。他的人生不可能只被一份作业决定。当然，这个父亲的评估/判断可能是正确的。但只有若干年后，我们才能知道是否真的如此。哪怕到了那个时候，判断的正确性也有可能只是因为自证预言：男孩不自觉地遵照了父亲的预言来行事，最终使其成真。

这样进行评估/判断的利弊分别是什么？让我们先说说弊端。

- 让父亲情绪激动。
- 让儿子感到自己能力不足。
- 恶化了父子关系。
- 将学校作业看成一种彻底的惩罚，没有任何一个头脑正常的男孩愿意做。

可能你能想到更多弊端。而这件事情的"好处"——确实比较少。也许会促使儿子下次完成更多的作业。但话又说回来，这也可能会导致他为了能够成功逃脱惩罚，变得更狡猾。

如果这样评估/判断呢："这孩子显然不知道自己在做什么，我得看看有没有什么可以帮他的地方。如果我做不到，那就看看他是否认识什么可以帮忙的人。"显然，这种情况下的成本效益分析正好相反。这一评估的好处是：

- 父子关系的改善。
- 更好地完成学校作业。
- 更开放地看待事情的发展……

成本可能也很高：主要是对父亲时间的消耗。但总而言之，第二种评估/判断对所有人来说，性价比都更高一些。

你可能会说，我们需要根据"事实"而不是成本效益进行思考。我觉得并非如此。你看，这个例子中很难确定什么是"事实"——很多其他案例也是如此。此外，看看其他人就可以发现，即使是投票选举这样再明确不过的事情，大家也都是在做出对自己利益最大、成本最小的选择。

产生更有益处的评估/判断的主要方法

- 识别思维错误（选择性知觉、读心术、非黑即白、情绪化语言、以偏概全）并加以纠正。
- "朋友技术"。一个无所不知的朋友会建议你如何看待这种情况？
- 重构诱因。寻找事情好的方面，或者，如果做不到这一点，尝试从完全不同的角度来看待它。

- 进行成本效益分析。审视你现在这样评估的成本和收益，然后寻找一个性价比更高的方法。

练习 1

勒米的妻子埃拉喜欢和其他男人说说笑笑。当然，埃拉没有婚外恋的想法，她只是喜欢交际。然而，勒米吃醋了，并产生了这样的评估/判断："她在让我难堪。人们会认为我不能让她幸福，这让我很没面子。她太过分了。"

（1）一个无所不知的朋友会怎样评估这件事情？

（2）勒米可能会如何重构这件事情？

（3）勒米的评估所带来的成本效益是怎样的？你能提出一个更好的评估方法吗？

下面是我的答案，但我建议你先给出自己的答案再往下看。

（1）一个可靠的朋友可能会说："别这样，勒米，你很清楚埃拉的忠贞，她永远不会让你失望的，她认为你是一个完美的人。埃拉只是喜欢找点儿乐子，但每个人都知道你在她心中的位置。"

（2）勒米可能会把这种情况重构为："埃拉对我们的关系有足够的安全感，这很好，她可以玩得很开心。她知道，我们都不会曲解这件事情。"

（3）对勒米的评估进行成本效益分析可以发现，"成本"相当大。他的评估会使他焦虑、嫉妒，可能还会愤怒。这将给他们的关系带来压力，限制埃拉的社交自由，让埃拉觉得勒米不信任她，并且很扫兴。唯一的好处是，让埃拉知道勒米在乎她——但无论如何,她都会知道的。是的,答案1或2才是更好的评估方式。

让我们看看另一个例子。

练习2

维基在接受一个电台节目采访时提到,她的丈夫丹尼喜欢穿她的内裤。同样是公众人物的丹尼对此非常不满,做出了这样的评估/判断:"她没有脑子吗?难道她没有意识到什么是伴侣之间的私事吗?她是不是故意要让我身陷困境?她完全是个傻瓜!"不用说,这让丹尼对维基非常愤怒。

(1)丹尼犯了什么思维错误?
(2)一个无所不知的朋友会怎样评估这件事情?
(3)丹尼可能会如何重构这件事情?
(4)丹尼的评估所带来的成本效益是怎样的?你能提出一个更好的评估方法吗?

下面是我的答案,但我建议你先给出自己的答案再往下看。

(1)丹尼犯了很多思维错误。最典型的是,他使用了情绪化语言("她完全是个傻瓜")和以偏概全(仅仅说了一件或几件不该说的事,并不意味着她完全是一个傻瓜;可能还有很多其他事情证明她一点儿都不傻)。有人可能会说丹尼在使用读心术(假设维基试图让他身陷困境)。同样,也可以说他陷入了选择性知觉(因为维基可能也做了让他生活变得美好的事情,他却没有看到),你甚至可以说他在用非黑即白的方式思考（人们知道他和妻子有关系亲密的一面，真的有那么糟糕吗）。

（2）一个无所不知的朋友可能会说："别这样，丹尼，没必要把事情搞得这么僵。你知道维基是为你着想的，不会故意做些什么来刁难你。如果其他人取笑你，那又怎样？这只能说明他们很嫉妒。别想这事了。"

（3）丹尼可能会如何重构这件事情呢？他可能会觉得，即便是全国范围的采访，维基也没有特别斟酌所说的每一个字，这表示她对他们的关系有足够的安全感，肯定是一件好事。他甚至可以说，这样可以增加他的亲和力，因为在大多数人所看到的公共生活之外，他还有相当刺激的私人生活。他甚至可以感到庆幸，别人会因为维基的话而嫉妒他。

（4）成本效益分析大概是这样。丹尼最初的评估成本很高：这给他和维基的关系带来了负担，也让他感到压力很大，并且对维基很愤怒。这样做的好处却不多：或许会使维基在今后说话时变得谨慎一些，但丹尼真的想让她对自己说的每句话都紧张兮兮的吗？更好的评估方式，可以参见答案 2 中"最好的朋友"所给的那种。这对丹尼来说好处很多，而且无须任何成本。

让我们再来看一个例子。

练习 3

13 岁的纳撒尼尔不小心把一个杯子打碎在厨房的地板上，他的母亲洛拉"完全失控了"。她评估说:"这孩子被宠坏了,他根本没有意识到买东西是要花钱的,他压根儿不在乎。他觉得我会清理好一切、给他买一切必需的东西,就像是他的奴隶一样。好吧,是时候给他点儿教训了。"同样地……

(1)洛拉犯了什么思维错误?

(2)一个无所不知的朋友会怎样评估这件事情?

(3)洛拉可能会如何重构这件事情?

(4)洛拉的评估所带来的成本效益是怎样的?你能提出一个更好的评估方法吗?

在继续阅读下面的答案之前,你最好先得出自己的答案。

(1)洛拉在使用情绪化的语言("他根本不在乎,他觉得我就像他的奴隶一样,是时候给他点儿教训了"),以及读心术(她怎么知道他根本不在乎),并且她可能在以偏概全(仅仅因为偶尔打碎杯子,并不意味着纳撒尼尔不珍惜东西或者他把母亲看作奴隶)。

(2)一个无所不知的朋友可能会说:"听着,洛拉,一个杯子能值多少钱?而且打扫一下杯子的碎片真的那么难吗?你可以让他自己打扫,这或许是你所说的'吸取教训'的最好方式。现在,冷静一下,让他把这些碎片清理干净吧。"

(3)洛拉可能会把这一事件重构为纳撒尼尔成长中的一个小插曲,在这个过程中,纳撒尼尔懂得了,如果一个人犯了错误,即使是打碎杯子这样的小错误,也必须去纠正它——这时就是要清扫碎片。或者她可以从另一个完全不同的角度来看待这个问题：从世界上数以万计的、每天生命都受到严重威胁的那些人的角度出发，然后问问自己，这些人会如何看待——打碎一个能够被轻易替换的杯子——这件事。

（4）对洛拉的评估进行成本效益分析会发现，成本是很高的：洛拉压力巨大，情绪激动，对纳撒尼尔十分愤怒，并且母子关系遭到破坏。这种评估的好处则微乎其微：可能纳撒尼尔下次会更小心，但同样也有可能，下次他会过于紧张，以至于更容易打碎东西；或许他甚至不会冒险在妈妈在场的时候用杯子喝东西，所以洛拉可能会很少在家里看到他。同样地，更好的评估是像最好的朋友所提出的那种，甚至可能是（上述答案3）一个每天都有生命危险的人所提出的——"打碎杯子没什么好担心的"。

如何真正、长久地改变

RCR 技术

RCR 代表"回顾（Review）、巩固（Consolidate）、记录（Record）"。这三个要素中的每一个都很重要。

回顾是指，用与上述三个练习完全相同的方式，来审视发生在你身上的事件（特别是你感到愤怒和烦躁的事件）。换句话说，跟上面的练习一样，你需要写下发生的事件。描述可以很简短，几行就行。但重要的是，描述的内容应当包括"事件本身"和"你的评估"。正如上述那些例子，你要逐步进行四个阶段的分析。此时可以参考和使用日记 2。

这么做是希望你能够形成一个有益的评估。你可能会说："我无法决定自己如何看待一件事——事情发生后，我的评估／判断就会立刻出现。它们就是最真实的。"当然，许多人都有类似的想法，就像一个 5 岁的孩子，"因为我这么想，所以事实一定就是这样"。但这只是一个想法，事实并非如此。有很多不同的方式来理解同一个事情，一千个人眼中有一千种哈姆雷特。你要做的是，判断和选择对你最有益的评估。

这可能很棘手，因为迄今为止，你肯定已经习惯了以某种特定的方式看待问题。改变之路，道阻且长。正如在丛林中行走，走已经存在的路肯定比开辟新路更轻松。但是，如果这些已经存在的路恰好是"非黑即白之路""情绪化语言之路""读心术之路"等，那就很不幸了。

不过也有一些好消息：无论你是在现实中还是在想象中工作，大脑都会得到几乎同样的练习。对于改变思维模式而言，事后回顾和事件发生时进行实际行动同等有效。但是，你必须多次重复这个过程——以上文描述的方式，对事件进行回顾，完成四步分析，选择最有益的评估。因为你正在大脑的丛林中开辟一条新的道路，必须重复不断地沿着这条路走下去，才能开创出一条真正可行的路线。

（如果你看板球比赛，有时可能会看到，击球手在重复挥舞球棒。这看起来很蠢，因为刚刚球飞来的时候他并没有击中。但其实这一点儿都不蠢：他正在脑海中演练一条新的路线。下一次，当球以类似的方式飞来时，他可以选择使用新的击球方法，而不是以前的错误方式。当然，如果你不看板球，可能不知道我在说什么。没关系，就想想刚才那个丛林的例子吧。）

巩固同样重要。回顾和巩固就像是汽车上的刹车和转向，都必不可少，无法确定谁更重要。

在巩固阶段要做的是，将回顾环节产生的新评估付诸行动。换句话说，光有想法远远不够，必须配合行动才行。我将这一阶段称为巩固，是因为它巩固了你产生的想法。想法和行为形成了一个非常强大的组合——事实上，这正是认知行为疗法中的关键要素。

沿用上面的例子：勒米必须付诸行动，为埃拉在他们的关系中有足够的安全感并因此能和异性自在地说笑而感到开心。这不仅仅只是假装开心，因为现在勒米已经对事情进行了重构，有了全新的成本效益评估；所以这是一个"将想法付诸行动"而非假装的问题。换句话说，他可能会在事后和埃拉开个玩笑，或者在当时就揶揄一下她，等等。

同样，对于维基的失言，丹尼也会因为新的评估而产生新的行为。比如说，他可以取笑她是个大嘴巴，自嘲一下别人对他的新看法，等等。

洛拉也需要巩固她的新评估，平静地要求纳撒尼尔清扫杯子的碎片，在合适的时候平静地买一两个替换的杯子，等等。

重要的是，这不仅仅是回顾过去，也是在展望未来。勒米能够肯定自己对埃拉未来的说笑会做出同样有益的反应，丹尼可以肯定自己会以同样有益的方式回应维基未来的失言，而洛拉应该确保对纳撒尼尔未来的"粗心行为"也采取一样有益的回应方式。

记录是收获成果的部分：现在你可以简单地享受这种愉悦感。在这一步，你只需要简短地描述事件，比如，丹尼将简单描述维基最近的失言，以及新的、修正后的评估，还有随之而来的反应。洛拉也会这样做，记录下纳撒尼尔所做的事情、她的新评估和新反应。

记录阶段显然是最有趣的，它让你看到你的努力正在得到回报：不仅仅是你周围的人不必忍受你的烦躁和愤怒，而且你也能够真正从不同的角度看问题，并因此受益无穷。

总结

- 你之所以会为一些似乎并不困扰其他人的事情感到烦躁和愤怒，是因为你对这些事情做出了不同的评估和判断。
- 在做评估和判断时，最常见的思维错误包括：选择性知觉、读心术、非黑即白、情绪化语言和以偏概全。
- 分析案例并进行大量练习有助于你识别自己的错误评估。
- 做出更有益的评估能够提升你和当事人的积极感受。主要方法是：

　　①识别并消除"思维错误"；②"朋友技术"（一个无所不知的朋友会如何看待这种情况）；③重构诱因：寻找其中好的方面或从一个完全不同的角度看待这种情况；④进行成本效益分析，审视现有评估的弊端和好处，然后寻找更具性价比的评估方式。

- 你可以通过 RCR 技术，实现更长期的改变：回顾事件，并进行四步分析以产生更有益的评估和判断；将新的评估付诸行动，用行为巩固这种评估方式；记录改变、巩固收获，并为自己的进步而开心。

作业

为了将本章应用于你自己的情况并改变行为，你可以完成如下作业。

- 记录下激怒你的事件以及你对它们的评估。此时可以使用日记 2，更多副本参见附录。
- 分析你的评估，并产生更好、更有帮助、更有益的评估方式。关于这一部分的简要说明，参见上文第四条总结。
- 通过行动来巩固新的评估。这是一个强有力的技巧，将会使你的想法和行为相得益彰。

以书面形式记录以上内容（事件、新评估、根据新评估采取的行动）也很好，这将进一步巩固你学到的内容。

第 13 章

给自己一些好建议

让我们来学习一种不同的技巧。这次不需要写东西！

这种技巧来自巴塞罗那大学索菲娅·奥西莫（Sofia Osimo）教授的一项研究。研究比较复杂，被试需要佩戴3D眼镜，在自己的虚拟形象以及西格蒙德·弗洛伊德的虚拟形象之间交替切换，并以西格蒙德·弗洛伊德的身份给自己提建议。我们不打算搞得这么复杂，而是用简单的方式达到同样的效果。

"空椅子技术"有着漫长的历史，其中有一部分理论听起来非常复杂。但这里也有"空椅子技术"的简化版。

给自己提建议，一般效果都很不错。所以，如果你愿意，可以对自己提一些关于烦躁和愤怒的建议。例如，平静时，试着想一些能够防止自己烦躁和愤怒的方式。（不要在愤怒的时候进行这项练习，因为"杏仁核劫持"会让你做出一些不理智的事情。这时你得到的不是建议，而是情绪化的大脑在试图掌控你！）所以，平静状态下思考出来的建议才可能有效。当然，还有一些方法可以进一步帮到你。

首先找到两把椅子，面对面放置。请你坐在其中一把上，想象有另一个人坐在对面，然后出声向他讲述自己的困扰和问题。之后你移到对面，想象自己还坐在第一把椅子上，并提出建议。如果你感到有些难为情，可能你会喜欢在周围没人的时候做这件事。

为什么要用两把椅子呢？因为当坐在第一把椅子上的时候，你可以集中精力准确地讲述自己的困扰和问题。坐在第二把椅子上时，你可以集中精力准确地提出心中最好的建议和方案。两把椅子有助于将问题和建议分开。反之，如果像平时那样，只是静静地在脑海中思考，问题和建议会令人绝望地纠缠在一起，就像两种不同颜色的橡皮泥被揉成一团，最终变成某种糟糕的混合物，令人毫无头绪。

有趣的是，奥西莫教授发现，当人们"假装自己是"西格蒙德·弗洛伊德时，会向自己提出更好的建议。这有点儿令人费解，因为人们并不具备弗洛伊德的专业知识。可能只是因为在他们的想象中，弗洛伊德会给出深思熟虑的、富有同情心的建议，于是他们也给出了这样的建议。相比于直接给自己提建议，"假装"使得他们变得更深思熟虑、更富有同情心。

所以，你完全可以这样改进"空椅子技术"：当你坐在第二把椅子上时，假装自己是西格蒙德·弗洛伊德。因为我们知道，当人们"假装"弗洛伊德时，往往会给出更好的建议。我觉得这太有趣了，这些建议来自你，却超越了当你做自己时能给出的建议。无论如何，这都是一个好方法，因为你是唯一掌握全部信息的人——无论是关于问题本身还是你对它的感受，有些你甚至不会告诉治疗师。

即使只使用上述技术，你也很有可能受益颇多。我喜欢这种小技术，因为它非常简单，而且往往效果很好。此外，一旦你开始沉浸在两个角色中，对话会变得非常有趣。

如果你愿意，而且喜欢使用一些小工具，还可以继续进阶。最简单的方法是使用智能手机等设备，记录下每个步骤，然后回放给自己听。

所以最后的"豪华版"是这样的：

（1）坐在第一把椅子上，想象有一个人坐在对面，向他讲述你的困扰和问题，同时录下你说的话。

（2）移到第二把椅子上，把录音机放在第一把椅子上面，然后回放录音。听录音的过程中，把自己想象成西格蒙德·弗洛伊德或其他富有智慧和同情心的人。

（3）听完问题描述之后，你仍然扮演西格蒙德·弗洛伊德，坐在第二把椅子上，对着第一把椅子提出建议，并把它们录下来。

（4）坐回到第一把椅子上，再次成为你自己，并回放建议的录音。请记住,坐在第一把椅子上的你是"求助者",正在寻求帮助和建议。试着采纳这个建议,并付诸行动。

所以,无论你选择最简单、最豪华的,还是介于两者之间的版本,以下规则都适用。

- 坐在第一把椅子上时,你是"求助者",请讲述你的困扰和问题,并试着接纳建议。
- 坐在第二把椅子上时,你是"回答者",请试着倾听问题并提供建议。

最后,有几个小窍门可以让你做得更好。

(1)讲述困扰和问题以及听取建议的机会分别只有一次。这意味着,当你坐在第一把椅子上听取在第二把椅子上提出的建议时,不能对其进行回应——尤其不能说"没错,但那是行不通的,因为……",你只能试着采纳这些建议。

(2)你可以随时使用这个技巧。"空椅子技术"作为一项伟大的技术,适用于任何场景。但是,每天不要超过一次。否则,你很可能会开始不断纠结之前的"建议"是否合适。

(3)你可以给自己任何建议。它不需要与你在本书中读到的任何内容相对应(但如果你愿意,也可以对应上)。它可能非常接地气(例如,"如果我是你,我会确保自己吃好一点儿,少喝点儿酒,多做运动,每天晚上睡个好觉"），或者也可能更复杂，例如修正思维错误。相信自己，你的建议可能非常有用。

作业

本次的作业无须多言——自己去试试吧！虽然它看起来很简单，但如果你肯多做尝试，很快就会熟练起来，并体会到其中的乐趣。

顺便说一下，专业领域中将"空椅子技术"视为一种"高级的心理咨询技术"。因为，你给自己的建议可能比来自别处的任何建议都更高明。这项技术可以使你收获一些平时很难得到的建议。

第 14 章

我为什么会愤怒 2

到目前为止,我们已经谈论了很多关于愤怒和烦躁的内容。开始行动之后,你的生活可能已经大有改观。然而,或许你仍有下列疑问。

- 为什么我总是做出这些无益的评估和判断,而我的朋友乔、凯特他们却不会?
- 为什么奥马尔会因为有人走进酒吧不关紧门而愤怒,卡洛斯或瑞安却不会?
- 为什么洛拉在她儿子打碎杯子时做出了无益的评估和判断,而其他母亲却没有?
- 为什么埃米对她 12 岁的女儿在洗头发(而没有整理房间)这件事做出了如此无益的评估,而其他的妈妈却不会?

- 为什么当克里斯被超车时,他会如此愤怒,而其他司机可能只是"耸耸肩"就过去了?

这些都是同一个问题的不同形式:为什么有些人"天生"会做出无益的评估,而有些人则似乎"天生"会做出有益的评估?

这个问题在第一部分已经讨论过了,所以在本章中,我们将探讨如何补救。如果你是一个倾向于做出无益评估的人,而这种评估导致你经常感到烦躁和愤怒,那么这将是你重塑自我的机会。或许你会惊讶地发现,这并不难。

从模型中可以看到,我们的信念会在一定程度上影响我们评估事物的方式。我们将在本章中关注"信念"(如图 14-1 中的阴影部分所示),并研究信念如何影响评估事物的方式,以及如何能够修正不良信念;如果我们可以修正信念,那么评估自然会随之改变。最终,我们将变成一个不易怒也不易烦躁的人。

从图 14-1 中可以看到,修正信念,我们将改变整个事情的走向。

顺便说一句,你可能会觉得大多数时候,自己的评估都是有益的。只有少数时候,特别是"感觉很烦躁"时,才会做出无益的评估。如果是这样,第 23 章中的内容可能会对你有所帮助。当然,本章和之后的几章依然值得阅读。本章尤其值得!它关注的是那些绝对基本但又相对容易改变的东西。因此,如果你愿意做一点儿小小的而且是令人愉快的努力,就很有可能事半功倍。

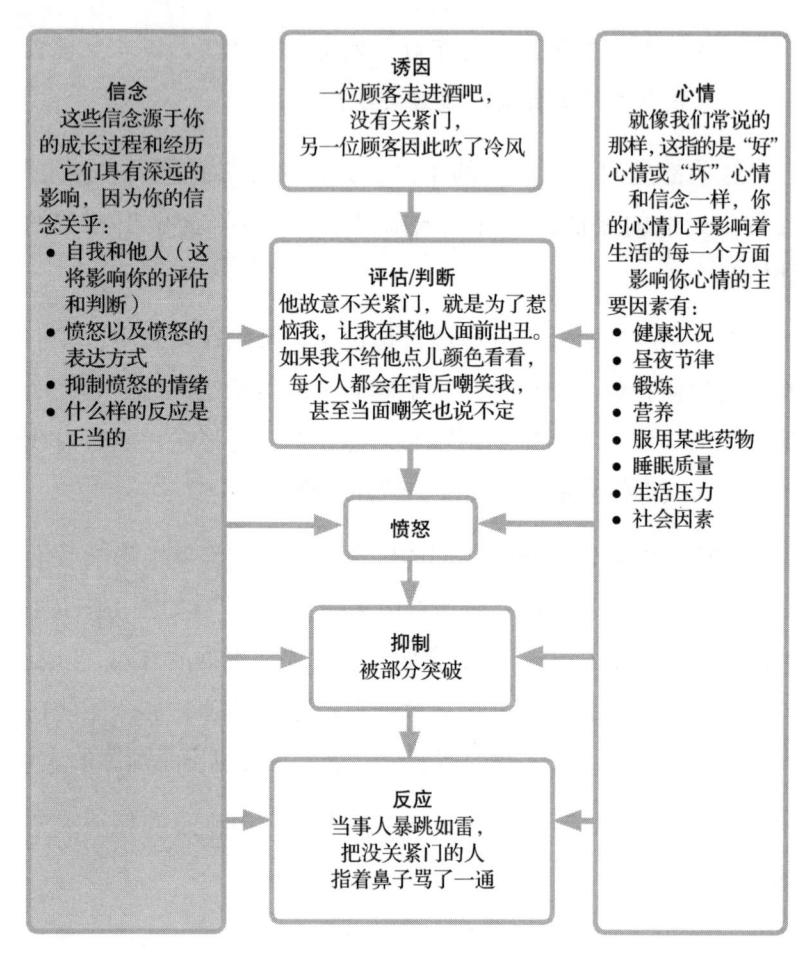

信念
这些信念源于你的成长过程和经历，它们具有深远的影响，因为你的信念关乎：
- 自我和他人（这将影响你的评估和判断）
- 愤怒以及愤怒的表达方式
- 抑制愤怒的情绪
- 什么样的反应是正当的

诱因
一位顾客走进酒吧，没有关紧门，另一位顾客因此吹了冷风

评估/判断
他故意不关紧门，就是为了惹恼我，让我在其他人面前出丑。如果我不给他点儿颜色看看，每个人都会在背后嘲笑我，甚至当面嘲笑也说不定

愤怒

抑制
被部分突破

反应
当事人暴跳如雷，把没关紧门的人指着鼻子骂了一通

心情
就像我们常说的那样，这指的是"好"心情或"坏"心情
和信念一样，你的心情几乎影响着生活的每一个方面
影响你心情的主要因素有：
- 健康状况
- 昼夜节律
- 锻炼
- 营养
- 服用某些药物
- 睡眠质量
- 生活压力
- 社会因素

图 14-1　关于烦躁和愤怒的模型

我们谈论的是什么样的信念

我们将要处理的是关于自我、他人、世界的本质、事情会如何发展、应该如何生活等的信念，而不关注对于事实的信念

（例如，我相信从伦敦到纽约大约有 3500 英里[一]，或者我相信澳大利亚的首都是堪培拉）。

关于人们所持有的信念以及这些信念是否有益，已经有很多文章进行了讨论（特别是阿伦·贝克和阿尔伯特·埃利斯的文章）。人们列出了一些无益的信念——那些使你焦虑和抑郁的信念，等等。在看过很多总结、见过很多烦躁和愤怒的人之后，我根据这些经验所列出的无益信念清单如下。

- 事情应该完全如我所愿，否则就是糟糕至极。
- 只有把烦躁或愤怒表现出来，人们才会注意到你。这是表达自己观点的唯一方式。
- 其他人基本上都是自私的、以自我为中心的、不乐于助人的。如果你想让他们帮助你，就必须强硬一点儿。
- 其他人基本上都是充满敌意的。你必须保持警惕，否则他们会抓住一切机会，故意给你添堵。
- 犯了错就必须接受惩罚。不能让任何人侥幸逃脱。

我们可以在此基础上增加另一份无益信念的清单，这些信念更加具体，指向某个特定的情况或特定的人。

- 对警察、保镖等人发火或动手，没什么大不了的。
- 作为父母 / 领班 / 经理 / 主管，就是应该声色俱厉、易怒又严苛。（当你处于这些角色时。）
- 我的父亲 / 母亲 / 伴侣 / 儿子 / 女儿是个十足的讨厌鬼，

[一] 1 英里 = 1.61 千米

光是看着他/她就让我生气。(其中某个特定的人会使你产生这种情绪反应。)

练习

让我们来看看那五个基本的无益信念。在下面的每个例子中,划出你认为当事人最可能持有的无益信念。某些情况下,可能有不止一种答案,那就把它们都划出来。前两个例子是供你参考的示例。

(1) 奥马尔、卡洛斯和瑞安一起坐在酒吧里,离门很近。那天晚上,有四个人走进酒吧但没有关紧门。于是,当第五个人进来时,奥马尔生气了。

这是因为奥马尔认为事情都应该如他所愿/<u>认为除非你表现出烦躁或愤怒,否则人们根本不会注意</u>/<u>认为人都是自私的、以自我为中心的、不乐于助人的</u>/认为人们怀有敌意,会不断故意给你添堵/认为犯了错就必须接受惩罚,不能让任何人侥幸逃脱。

(2) 在一个不大不小的城镇中,某条街道上有17位母亲,她们的孩子年龄都在5~15岁。所有这些孩子,或多或少都打碎过杯子。

洛拉比其他16位母亲都要愤怒,因为她<u>认为事情都应该如她所愿</u>/<u>认为除非你表现出烦躁或愤怒,否则人们根本不会注意</u>/认为人都是自私的、以自我为中心的、不乐于助人的/认为人们怀有敌意,会不断故意给你添堵/认为犯了错就必须接受惩罚,不能让任何人侥幸逃脱。

（3）埃罗尔的妻子习惯于在公共场合反驳他。这让埃罗尔非常愤怒，因为他觉得自己在别人面前"很没面子"。

　　这是因为他坚信事情都应该如他所愿 / 认为除非你表现出烦躁或愤怒，否则人们根本不会注意 / 认为人都是自私的、以自我为中心的、不乐于助人的 / 认为人们怀有敌意，会不断故意给你添堵 / 认为犯了错就必须接受惩罚，不能让任何人侥幸逃脱。

（4）电工布兰登的老板在下班后要求他做一些额外的工作，这让他感到愤怒以及"被剥削"。

　　他倾向于从这个角度看待他的老板，因为他认为事情都应该如他所愿 / 认为除非你表现出烦躁或愤怒，否则人们根本不会注意 / 认为人都是自私的、以自我为中心的、不乐于助人的 / 认为人们怀有敌意，会不断故意给你添堵 / 认为犯了错就必须接受惩罚，不能让任何人侥幸逃脱。

（5）当埃拉和其他男人说笑时，她的丈夫勒米非常愤怒。然而，面对同样的情况，米歇尔的丈夫杰米却并不愤怒。这两个人的区别是，勒米从根本上认为事情都应该如他所愿 / 认为除非你表现出烦躁或愤怒，否则人们根本不会注意 / 认为人都是自私的、以自我为中心的、不乐于助人的 / 认为人们怀有敌意，会不断故意给你添堵 / 认为犯了错就必须接受惩罚，不能让任何人侥幸逃脱。

（6）1999年11月的一个晚上，在英国，共有约一百万人在酒吧喝酒。这一百万人中,大约有一万人因为被推搡把酒洒在了自己身上。这一万人中,只有特里打碎了啤酒杯,并把它摔到推搡他的人的脸上。

他反应如此激烈的部分原因是,他认为事情都应该如他所愿/认为除非你表现出烦躁或愤怒,否则人们根本不会注意/认为人都是自私的、以自我为中心的、不乐于助人的/认为人们怀有敌意,会不断故意给你添堵/认为犯了错就必须接受惩罚,不能让任何人侥幸逃脱。

(7) 某个城市的某个住宅区里,大约有600个年龄在5～15岁的孩子。其中只有约50个人能够保持房间整洁,让他们的父母满意。大多数父母都在唠叨他们的孩子,让他们整理房间。但只有埃米对她12岁的女儿"大发雷霆"。

这是因为埃米认为事情都应该如她所愿/认为除非你表现出烦躁或愤怒,否则人们根本不会注意/认为人都是自私的、以自我为中心的、不乐于助人的/认为人们怀有敌意,会不断故意给你添堵/认为犯了错就必须接受惩罚,不能让任何人侥幸逃脱。

(8) 亚伦的儿子没有做作业,还撒了谎,于是亚伦扇了儿子一耳光,而后因此感到很难受。

然而,亚伦倾向于做出这样的反应,是因为在内心深处,他认为事情都应该如他所愿/认为除非你表现出烦躁或愤怒,否则人们根本不会注意/认为人都是自私的、以自我为中心的、不乐于助人的/认为人们怀有敌意，会不断故意给你添堵 / 认为犯了错就必须接受惩罚，不能让任何人侥幸逃脱。

（9）当克里斯在通过一个环形路口时，另一辆车横穿而来。克里斯非常愤怒，"追"着对方跑了 5 英里。最后，这个司机下车与克里斯对质，双方打了起来，克里斯被打得很惨。

如果不是认为事情都应该如他所愿 / 认为除非你表现出烦躁或愤怒，否则人们根本不会注意 / 认为人都是自私的、以自我为中心的、不乐于助人的 / 认为人们都怀有敌意，会不断故意给你添堵 / 认为犯了错就必须接受惩罚，不能让任何人侥幸逃脱，克里斯一开始就不会有这样的行为。

你做得怎么样？下面是我的答案。其中一些当然仍待商榷，但至少它们能给你一些思考的空间。

（1）奥马尔、卡洛斯和瑞安一起坐在酒吧里，离门很近。那天晚上，有四个人走进酒吧但没有关紧门。于是，当第五个人进来时，奥马尔生气了。

这是因为奥马尔认为人都是自私的、以自我为中心的、不乐于助人的，而他绝对不能让这样的人逃脱惩罚。

（2）在一个不大不小的城镇中，某条街道上有 17 位母亲，她们的孩子年龄都在 5～15 岁。所有这些孩子，或多或少都打碎过杯子。

洛拉比其他 16 位母亲都要愤怒，因为她认为事情都应该如她所愿。而且，只有表现出烦躁或愤怒，别人才能注意到她的感受。

（3）埃罗尔的妻子习惯于在公共场合反驳他。这让埃罗尔非常愤怒，因为他觉得自己在别人面前"很没面子"。

这是因为他认为人们都怀有敌意，会不断故意给他添堵。

（4）电工布兰登的老板在下班后要求他做一些额外的工作，这让他感到愤怒以及"被剥削"。

他倾向于从这个角度来看待他的老板，因为他认为人都是自私的、以自我为中心的、不乐于助人的。

（5）当埃拉和其他男人说笑时，她的丈夫勒米非常愤怒。然而，面对同样的情况，米歇尔的丈夫杰米却并不愤怒。这两个人的区别是，勒米从根本上认为事情都应该如他所愿，而且人们都怀有敌意，会不断故意给他添堵。

（6）1999年11月的一个晚上，在英国，共有约100万人在酒吧喝酒。这100万人中，大约有1万人因为被推搡把酒洒在了自己身上。这1万人中，只有特里打碎了啤酒杯，并把它摔到推搡他的人的脸上。

他反应如此强烈的部分原因是，他认为人们都怀有敌意，会不断故意给他添堵，而且犯了错就必须接受惩罚，他绝对不能让任何人侥幸逃脱。

（7）某个城市的某个住宅区里，大约有600个年龄在5~15岁的孩子。其中只有约50个人能够保持房间整洁，让他们的父母满意。大多数父母都在唠叨他们的孩子，让他们整理房间。但只有埃米对她 12 岁的女儿"大发雷霆"。

这是因为埃米认为事情都应该如她所愿，并且除非你表现出烦躁或愤怒，否则人们根本不会注意，也认为犯了错就必须接受惩罚，不能让任何人侥幸逃脱。

（8）亚伦的儿子没有做作业，还撒了谎，于是亚伦扇了儿子一耳光，而后因此感到很糟糕。

然而，亚伦倾向于做出这种反应，是因为他认为，除非你表现出烦躁或愤怒，否则人们根本不会注意。犯了错就必须接受惩罚，不能让任何人侥幸逃脱。

（9）当克里斯在通过一个环形路口时，另一辆车横穿而来。克里斯非常愤怒，"追"着对方跑了 5 英里。最后，这个司机下车与克里斯对质，双方打了起来，克里斯被打得很惨。

如果不是认为人们都怀有敌意，会不断故意给你添堵，或者犯了错就必须接受惩罚，不能让任何人侥幸逃脱，克里斯一开始就不会有这样的行为。

只要这些人能够改变信念，生活质量就会有明显的改善。例如：

（1）奥马尔不仅不会因为有人没关紧门就愤怒，而且当后面的人比他先点餐、卡洛斯逃避买酒的时候，他也不会那么愤怒了（注意，这并不是说奥马尔不会纠正他们，只是他不会为此感到愤怒了）。

（2）洛拉不仅会在儿子打碎杯子时保持冷静，在他忘带东西去学校时也会同样如此。（同样，这并不是说她不会努力培养儿子更仔细的好习惯。）

（3）如果埃罗尔能改变他的信念，就不会设想自己被别人议论，因此对妻子反驳他这件事就会感觉轻松得多。同样地，在许多社交场合中埃罗尔都会感到更加放松。

（4）如果电工布兰登能够改变他的信念，不再觉得其他人总想剥削他，那么当老板要求他做额外的工作时，他也就不会感到那么受气。同样，其他情况下他也会感到更轻松。

（5）如果勒米能够意识到其他人（包括他的妻子埃拉，以及和她说笑的男人们）并没有想要羞辱自己，那么他就会对埃拉的说笑感到轻松得多。在其他情况下也是如此。

（6）这一点也适用于特里。他认为其他人充满敌意，会不断故意给他添堵，所以当有人碰了他一下时，他就把啤酒杯摔到了对方脸上，这引发了非常严重的后果。如果他意识到大多数人并没有这样的敌意，不仅可以避免这些后果，而且他也将过得更轻松愉快。

（7）埃米对她12岁的女儿不整理房间十分愤怒，因为她认为事情必须按照她想要的方式进行，而且只有发火才能引起注意。如果她能接受事情往往不能完全如愿，并且即使不能如愿也没关系，她的生活会更加愉快。而且，在有建设性的互动中，孩子会"发展得更好"，愤怒却对此毫无裨益。

（8）类似的事情也适用于亚伦，他扇了12岁的儿子一耳光。如果亚伦能够意识到，事情没有按照想象的样子发展并不代表世界末日，而且并非只有发火才能让对方注意到自己的感受，他就不会这样做了。同样，如果能修正这些信念，任何情况下亚伦都将受益。

（9）克里斯因为有人在环形路口截断了他的路，而与那个司机动了手，最后吃了亏，结果非常糟糕。如果不是相信人们做错事就必须受到惩罚的话，他就可以避免这种情况。这个信念给克里斯带来了无穷无尽的麻烦。如果他能纠正这一信念，在各种情况下都会受益。

发展更有益的信念

我们使用 AA 法来发展更有益的信念——这里所说的 AA 与匿名戒酒协会无关。在这里，它仅仅代表：①发展出更好的替代（Alternative）信念；②将它们付诸行动（Acting out）。

下面是一些建议。

- 无益的信念：事情应该完全如我所愿，否则就是糟糕至极。
- 更有益的信念：如果事情恰好如我所愿，自然很好，但没能如愿并不代表世界末日。
- 无益的信念：只有把烦躁或愤怒表现出来，人们才会注意到你。这是表达自己观点的唯一方式。
- 更有益的信念：虽然有时表现出烦躁和愤怒可以让别人按你说的做，但这种服从永远都不会是心甘情愿的。因此，沟通和劝说更好。然而，即使是通过沟通和劝说，别人也不一定会按我们的意愿去做，但这同样不是世界末日。

- 无益的信念：其他人基本上都是自私的、以自我为中心的、不乐于助人的。如果你想让他们帮助你，就必须强硬一点儿。
- 更有益的信念：有些人确实非常自私，但大多数人会为提出请求的人提供帮助。
- 无益的信念：其他人基本上都是充满敌意的。你必须保持警惕，否则他们会抓住一切机会，故意给你添堵。
- 更有益的信念：虽然一些人可能怀有敌意，但一般来讲，大多数人都会相互支持，并且不会把对方想得那么坏。
- 无益的信念：犯了错就必须接受惩罚。不能让任何人侥幸逃脱。
- 更有益的信念：劝说比惩罚更好。要着眼于未来而非过去。有时候甚至根本无法劝说，而人们确实会逃脱惩罚。所以，严于律己即可。
- 无益的信念：对警察、保镖等人发火或动手，没什么大不了的。
- 更有益的信念：警察、保镖和其他人一样，都是真实的人。对他们动手也同样是不合适的。
- 无益的信念：作为父母/领班/经理/主管，就是应该声色俱厉、易怒又严苛。（当你处于这些角色时。）
- 更有益的信念：作为父母/领班/经理/主管，应该树立一个好的榜样。这意味着应该表现出友好和支持，而不是烦躁和愤怒。

- 无益的信念：我的父亲/母亲/伴侣/儿子/女儿是个十足的讨厌鬼，光是看着他/她就让我生气。（其中某个特定的人会使你产生这种情绪反应。）
- 更有益的信念：我的父亲/母亲/伴侣/儿子/女儿就和其他人一样，有自己的优点和缺点。只揪着他们的缺点不放毫无意义。

使用提示卡

实际上，有些人给自己写了一张小卡片（即提示卡）。其中一面写着无益的信念，另一面写着更有益的信念。有些人会把这些卡片做得很精致。例如，可以用红色写上无益的信念（代表"危险"），另一面用绿色写上更有益的信念（代表"可行"）。或许还可以在此之后加上一句劝告，比如"现在就做"。有些人甚至会在制作完成后，去打印店将卡片进行塑封。无论你喜欢让卡片简洁一点儿还是华丽一点儿，把它带在身边持续提醒自己都是一个不错的主意。你可能并不需要八张卡片——毕竟你不太可能拥有每种无益的信念，很可能你只有其中一两种——此时，一两张卡片就足够了。你也可以在手机或电脑的备忘录中做同样的事情。

付诸行动

你可能还记得，在上一章中我们指出，光有不同的想法是不够的。你还需要根据新想法来采取行动。新想法和新行为是一个非常强大的组合。就像两辆自行车如果相互倚靠、相互支撑，就可以永远保持稳定，你的新想法也将和新行为相互支持，不断彼此强化。这可能是我们最接近永动机的一次。

那么，应该如何行动呢？这里有几种选择。

- 想象一个拥有新的、更有益的替代信念的人会怎么做，并加以模仿。
- 给自己找一个真实的榜样。也就是说，找到一个以这种新的、改进后的信念来行动的人，想象他们会怎么做，然后你也这样行动起来。

无论选择哪一种，你在行动的时候都必须真正相信这些新的信念。比如说，在儿子打碎杯子后，洛拉需要努力树立新的信念：儿子在本质上是好的（而非自私自利的），而自己最好树立一个友好的、乐于助人的榜样，并真的按照这样的两个信念行动。因此，她不应该咬牙切齿地说"把碎片清扫干净"（诚然，这比起她以前的行为已经有所改进了），而应该用鼓励的语气真心实意地说，"没关系，把碎片打扫干净，就还是好孩子"。重点是，洛拉的目标不仅仅是改变那些伤人伤己的行为，而且要在新的、更有益的基本信念的引导之下，做出相协调的行动，这样她就能真正做到与自己和平相处，其他人自然也会感受到。相比于简单地"压抑怒火"，这显然才是皆大欢喜的结果。

同样，坐在酒吧门口的奥马尔现在会意识到，那五个没关紧门的人并不是应该受到惩罚的自私的混蛋，而是善良的普通人，他们只是需要被提醒一下关门的事。因此，抱着这种信念，奥马尔将友好而平静地提出这一要求。同样，被妻子当众反驳的埃罗尔将意识到,虽然其他人可能会发笑,但这并不代表他们有敌意,因为大多数人是友好和有善意的。以这种信念去行动,埃罗尔就可以和大家一起开玩笑了。布兰登也不需要再为事情不尽如人意而苦恼,使自己陷入困境。对于老板要求的工作,他可以简单地选择做,或者不做。他的困扰来源于认为"如果没有完全如愿,就一定会有糟糕至极的事情发生",当这一信念发生改变,布兰登就可以继续做事了。如果勒米接受了埃拉和其他人都没有敌意,且大多数人都是友好和有善意的,就不会被埃米和其他人的说笑所激怒。他可以把埃拉的行为看作无害的消遣,并且行动起来,加入他们。

特里也是如此,如果他接受大多数人都是善良的,而非有敌意的,就不会认为有人故意推搡他了。他会将这看作一个意外,跟对方开个玩笑,对方甚至可能会请他喝一杯。埃米也不会在看到女儿没有整理房间时发脾气,不会因为事情没有如她所愿(房间仍然不整洁)而感到烦躁,也不会认为不听话的女儿必须受到惩罚。她可以接受有时孩子的房间不整洁,无论如何,作为父母最重要的是树立一个好的榜样。克里斯也不需要去追赶那个超车的人。如果他能接受不良行为并不一定需要受到惩罚,甚至有人可以逃脱,那么他就可以把这样的信念付诸行动,也即仅仅做到严于律己,按照自己认为规范的方式来驾驶,这样也能够避免很多麻烦。

树立一个榜样

从这些例子中可以看出,选定一个新的信念并在生活中付诸实施，并不困难。很多人都这样做了，并收获了成功与满足。（看到自己能够掌控命运，选定合理的信念，并照其行事，是非常有成就感的。）另一些人使用了不同的方法，但殊途同归。他们会想象出某个似乎持有有益信念的人，然后问自己："他在这种情况下会怎么做？"对于一些人来说，想象榜样的做法，能够更容易模仿理想中的行为。与此同时，也能有效地巩固新的信念。

榜样可以是你认识的人，如朋友或亲戚，也可以是你从未见过的人，比如电视上看到的人。如果你选择后者，那么无论这个人在现实生活中是否与荧幕形象相一致，都没关系。例如，我最喜欢的两个榜样就是从电视上看到的，他们是商业纠纷解决者马里厄斯·哈维-琼斯，以及王牌板球评论员布赖恩·约翰斯顿。我与他们素未谋面，或许他们在私人生活中完全不是媒体所呈现的和蔼可亲的形象。不过事实上，从各方面来看，这两位先生在私人生活和公众面前的表现基本上是相同的，或曾经是相同的（布赖恩·约翰斯顿于几年前不幸去世了）。但重点是，是否相同并不重要，就树立榜样的目的而言，你认可的那个角色才是最重要的。

你的榜样也不需要在年龄、性别或其他方面与你相同。重要的是，你要问自己"他会怎么看待这个问题"以及"他在这种情况下会怎么做"等。即使永远无法达到榜样的高度，也没关系，他们一定会产生积极的影响。最关键的是，如果你能找到一个好榜样，他就可以引导你以理想的方式行动。

回顾和记录

正如上一章所说,回顾和记录是很好的习惯,能够帮助你巩固新的、更有益的信念。

"回顾"是指回想并再次审视刚刚发生的事。回顾新的行为和新的信念,以及两者带来的改变。这真的很棒,享受你的成就吧!当然,回顾也不仅仅是为了享受,正如之前所说,它是一项非常有用的活动。你可以从过去的成功中学习,为未来的进步提供模板和方向。如果你在没有烦躁和愤怒的情况下,成功处理了一个问题。那么请回顾一下,享受这一刻吧。

同样,如果你觉得自己对某一情况处理得很糟糕,例如可能屈服于一些无益的信念,进而产生了烦躁和愤怒的情绪与相应的行为。请简单地思考下次如何改进。记得想一想更有益的信念,并设想一些更有益的行为。设想一下你希望事情如何发展是非常好的,这样,下一次事情将更有可能以你设想的方式发展。(但要注意:只是不断回想你的错误处理是毫无帮助的。要知道"覆水难收"。)

总结

- 本章介绍了信念如何影响我们对某一情况的评估和判断,并进一步影响我们当时的行为。
- 本章列出了最常见的无益信念,这些信念影响着人们对自己所处情境的看法。
- 本章列出了更有益的替代信念,以取代相应的无益信念。
- 本章介绍了如何使用 AA 法,将无益信念转化为有益信念：突出有益的替代信念，并将这些信念付诸行动。
- 本章介绍了回顾成功的经历并将其作为未来行为的模板加以巩固的重要性，以及回顾失败经历的重要性，通过设想在当时的情况下希望如何行动，下次更有可能做好。

作业

- 拿一张纸，写下你所拥有的无益信念。
- 对于每一条无益信念，写下与之对应的更有益的信念。你可以只是简单照抄上文内容，或者也可以用自己的话重新组织。
- 回想一个近期发生的事件，当时你的无益信念导致你做出了糟糕的评估，进而产生烦躁和愤怒的反应。继续回想，如果有了更有益的信念，你会如何看待当时的情况，以及会怎么做。(例如，奥尔马会想象自己坐在酒吧门口。此时，他已经相信"哪怕没关紧门，他们也是好人"。与此同时，他产生了新的评估，并且用适当的、友好的方式提醒大家关紧门。)在你的脑海中开始搭建小剧场吧。
- 最重要的是，练习你的新信念，透过一双拥有这些新信念的人的眼睛，或者透过你所选定的榜样的眼睛来看待每一种情况。然后将你的行为与你的新信念相匹配——就像奥马尔在上一条中所做的那样。
- 每当你实现目标时，尽情回顾并享受成功的过程吧。回顾新信念是如何发挥作用的，以及自己是如何做出相应的行为的。如果你"让自己失望了"，就按照你原本希望的方式来回顾这件事。很快你就会有很多"好"的回顾，而关于失败的回顾会越来越少。

Overcoming
Anger And Irritability

第 15 章

如何恰当地处理愤怒

标题是不是有点儿蠢？别介意，读读看，本章可能会对你有用。对于有些人来说，本章的内容格外"一针见血"。

请记住，我们的核心模型包括：诱因、评估/判断、愤怒、抑制和反应。本章中我们将讨论"愤怒"，如图 15-1 所示。关于"愤怒"，有三点需要说明。

转移愤怒

第一点，愤怒可以被转移。这个过程通常被称为"踢猫效应"或"总是伤害你爱的人"。例如，你可能在工作中不太顺心，但觉得不能对老板发火。因此，你所做的是回到家踢猫来出气（当然这只是个比喻），也就是说，把气撒在周围随便什么人或东西上。奇怪的是，不管被你出气的是人还是什么东西，在当时看来似乎确实非常烦人。所以，你很少能意识到，自己正在将愤怒从老板"转移"到亲人或者猫的身上。

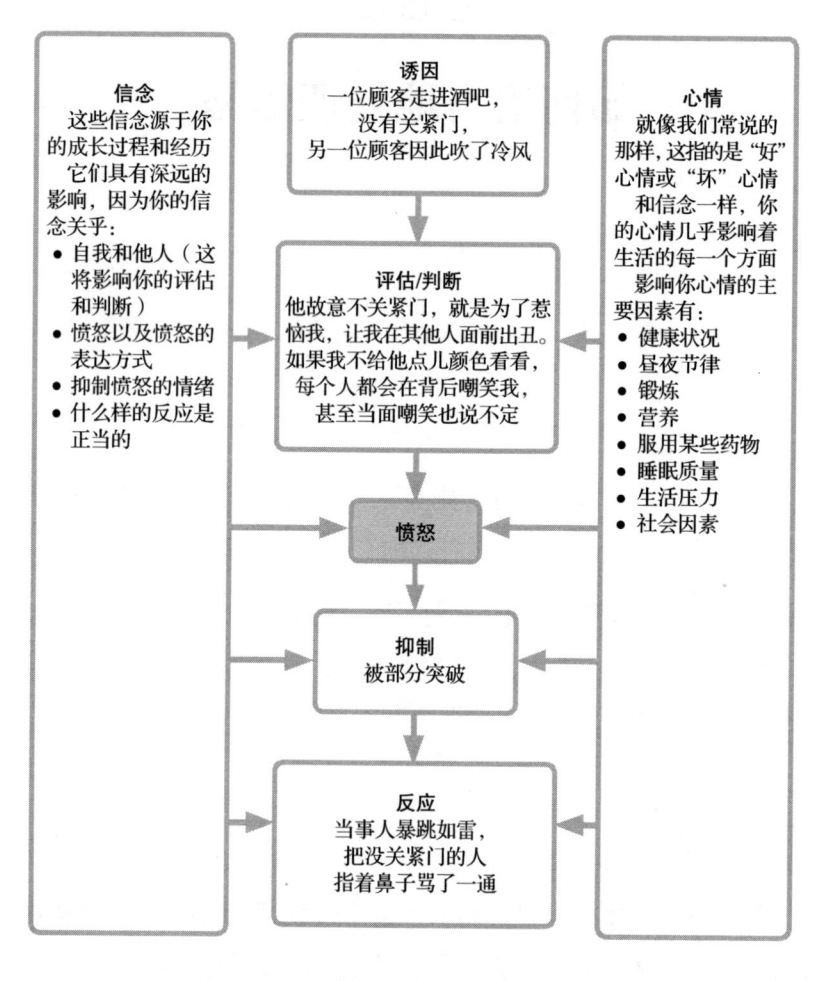

信念
这些信念源于你的成长过程和经历它们具有深远的影响，因为你的信念关乎：
- 自我和他人（这将影响你的评估和判断）
- 愤怒以及愤怒的表达方式
- 抑制愤怒的情绪
- 什么样的反应是正当的

诱因
一位顾客走进酒吧，没有关紧门，另一位顾客因此吹了冷风

心情
就像我们常说的那样，这指的是"好"心情或"坏"心情
和信念一样，你的心情几乎影响着生活的每一个方面
影响你心情的主要因素有：
- 健康状况
- 昼夜节律
- 锻炼
- 营养
- 服用某些药物
- 睡眠质量
- 生活压力
- 社会因素

评估/判断
他故意不关紧门，就是为了惹恼我，让我在其他人面前出丑。如果我不给他点儿颜色看看，每个人都会在背后嘲笑我，甚至当面嘲笑也说不定

愤怒

抑制
被部分突破

反应
当事人暴跳如雷，把没关紧门的人指着鼻子骂了一通

图 15-1　关于烦躁和愤怒的模型

愤怒会叠加

第二点，愤怒会叠加。最好的比喻依然是我们在第一部分所说的有漏洞的水桶。假设你的水桶有漏洞，但只要快速连续地倒入几壶水，仍然有可能将它装满。桶里水的外溢，就相当于愤怒的爆发。

因此，如果奥马尔坐在门边，在一两个小时内有五个人进入酒吧，每个人都不关紧门，导致冷风嗖嗖，那么水就会溢出（或者至少对奥马尔来说是这样的），情绪就会爆发。如果同样是这五个人，但是分散在六个月的时间里出现，那么即使奥马尔每次都坐在门口，他也不太可能在第五次时爆发。因为这种情况下，每一次他的怒气都有机会在下一次"灌水"之前"漏掉"。

这种"叠加"也被称为"压垮骆驼的最后一根稻草"。然而，我更喜欢漏水桶的比喻。因为只要有一点点机会，你的愤怒通常会顺利地"漏掉"。

消遣性愤怒

第三点，也许是最重要的一点，我将其称为"消遣性愤怒"。举个例子——不要被这个非常极端的例子吓倒，同样的现象其实每天都在发生。

早年间，我是一名监狱心理学家。当时，我遇到了一个囚犯，在服刑过程中麻烦不断。他紧张又焦虑，不时就会打砸他的牢房。我教他如何放松，并给他做了一些一般性的"咨询"工作。结果他倾诉，在之前被关押的监狱里，他曾被六个狱警殴打过。（我不知道这一指控是否真实，但他就是这么告诉我的。）

总之，他制订了一个计划，要在出狱后追查这六名狱警，并逐一射杀他们。

我不能不把他所说的计划放在心上，一方面因为我当时年轻、天真，对一切都很认真；另一方面他已经因为开枪打人而入狱，所以显然有能力说到做到。此外，他也提到上次服刑时，自己也在做类似的事情：花时间思考和计划，出狱后如何射杀那个人。果然，出狱后他确实这样做了，这便是他再次入狱的原因。

我很欣慰现在年轻的监狱心理学工作者知道在这种情况下该怎么应对，但当时的我并不知道。所以我们一遍遍地讨论，他跟我讲所有的情况……

长话短说，他习惯了日复一日地幻想着如何复仇，以此打发时间。显然，这完全变成了他的一种乐趣，幻想时，时间过得飞快。

这是我遇到的第一个"消遣性愤怒"的案例。这些愤怒，帮你消磨时间，有时也会麻痹你的神经，使你进入一个完全不同的状态，这时，即使是不理智的行为看起来也十分合理。回到水桶的比喻，就好像是你堵上了所有的洞，热衷于留住所有的水，然后盯着水看。或者，更确切地说，你千方百计地防止愤怒消散，而且花费大量时间纠结和忧虑。

这种情况下，最好的行动方案是：

- 无论愤怒想要让你做什么，都不要去做。
- 做一些其他的事情（很快就会有更多的事情可做）。

让我们稍稍扩展一下。当你非常烦躁和愤怒时，就好像被愤怒控制了。愤怒会让你做一些正常状态下不会做的事情。那么，你是在为谁活着？是你的愤怒还是你自己？

嗯，答案是显而易见的：忠于自己比忠于某种暂时的愤怒状态更重要。但告诉自己不要做某事非常困难。就像"不去想长颈鹿"一样，几乎是不可能做到的。如果有人告诉你不要想长颈鹿，无论你如何小心翼翼地尝试遵守，脑海中都会浮现出一个有斑点的长脖子画面。同样，如何能够不被愤怒所控制，也是一个棘手的问题。

远离愤怒

远离愤怒的方式就是，集中精力做点儿别的事情。什么事情都可以。现实生活中，人们在愤怒时可能会去做这些事情：

- 体育锻炼：散步、跑步、游泳等。
- 阅读书籍、杂志、报纸。
- 看电视或听广播。
- 做一些园艺工作。
- 打电话或去见朋友。
- 离开当时的情境，去别的地方。

所有这些都属于"做点儿别的事情"。这对大多数人来说已经足够了。对于上文提到的那个囚犯,仅仅只做看书这类的事情是不够的,因为他有一个更长期的问题,比困扰我们大多数人的严重10倍。然而,对于他,我们采取的策略也一样,他也确实"做了些别的事情"。他与一位专门为刑满释放人员提供住宿的女士取得了联系,并写信询问他是否可以在出狱后住在那里。谢天谢地,那位女士回信告诉他应该可以,而且最重要的是,她还附上了一张旅馆的实拍图(那是在互联网时代之前)。我敢肯定,正是这张照片真正说服了他。现在他可以切实地设想离开监狱后的生活。与其跑到之前服刑的监狱,追查六个狱警,不如坐火车去这个旅馆,并在那里定居。万幸,这个旅馆和之前的监狱是在完全不同的地方。

这听起来非常合理,不是吗?那为什么人们不这样做呢?就像你感到非常愤怒,并受到愤怒的驱使做出过激的举动,为什么理智上明明知道这只是暂时的状态,但还是会去做呢?

我认为其中一个原因是,有些人认为发泄愤怒是更"诚实"的表现。我不同意。当"诚实"意味着①不撒谎或②不偷窃时,它是一个很好的品质;但当它意味着③以"保持诚实"为由,说一些毫无分寸的、伤人的话,或者④只发泄愤怒的冲动而不考虑对自己或他人的后果时,"诚实"就变得非常具有破坏性。无论怎样说,它们都与诚实没有任何关系。

给自己时间

首先,不要听从愤怒的指挥;其次,做点儿别的事情。这样做总是明智的,因为一旦真正恢复了情绪平静,你就可以闲下来好好想想,怎么做是最好的,而不是让愤怒控制你。

举个例子。勒米说,有一次,他因为妻子埃拉和其他男人说笑而感到非常焦躁,聚会还没结束,他就已经开始在脑海中设想,自己将如何离开埃拉,尤其是如何告诉埃拉他的决定。想到这将如何"给她一个教训",以及她会有多后悔,勒米从中体会到一种奇怪的快感。

幸运的是,这件事没有真的发生,但并不是当时的判断阻止了他。回家的车上,看起来勒米在"生闷气",实际上,他一直在幻想这些场景,并且享受着幻想中的胜利。回家后,他继续生闷气。然而,运气而非判断让他决定将对质推迟到第二天早上,暂时先去睡觉。令人高兴的是,到了第二天早上,睡眠发挥了魔力,勒米已经消气了,虽然讨论很激烈,但相比于昨晚可能发生的冲突,已经没有那么尖锐了。偶然地,勒米遵循了这个规则:不要听从愤怒的指挥,去做点儿别的事情(比如睡觉)。

这是我最喜欢的案例之一,原因有二。首先,有很多像勒米这样的人,他们被愤怒所控制,婚姻因此而破裂。其次,勒米能够全面反思自己的判断和信念,这和之前几章所提倡的思路一致。反思允许勒米从一个完全不同的角度来看待问题。埃拉的行为没有改变,然而当勒米意识到埃拉的行为无伤大雅,以及她没有出格的想法后，这段插曲就成了他们关系中的一笔财富。

总结

- 关于愤怒，有三点需要说明。第一，它可以被转移，因此，尽管引起你愤怒的可能是你的老板，但实际上却是你的伴侣或其他人承受了你的愤怒。第二，愤怒本质上是可叠加的。把你的愤怒想象成漏桶里的水。如果第一壶水还没有漏掉，又来了一壶水，那么你的水桶就会被灌满。而如果又来了第三、第四或第五壶水，水可能就会溢出，导致愤怒的爆发。第三，有一种"消遣性愤怒"，它会让你只是沉浸在愤怒和报复计划中，并获得一种奇怪的快感。
- 愤怒的最佳比喻可能是"漏水的水桶"。如果它被灌得太快，那么水很有可能会溢出；但只要有一点儿机会，愤怒就会慢慢漏掉。
- 不管你的愤怒是否即将溢出，或者你是否处于消遣性愤怒的状态，或者其他什么，最好的做法是①不要听从愤怒的指挥，②做点儿其他事情。当你重获情绪平静之后，再去决定该对触发愤怒的情况做些什么。
- 树立一个榜样（一个被你当作正面例子的人）能帮到你。你只需要问自己："某某（你的榜样）现在会怎么做？"有趣的是，你的愤怒会反击，告诉你要继续听它指挥。这时，你只需要把它搁置一会儿，想象你的榜样在这种情况下会怎么做。

作业

- 本章最重要的目的之一是，如何区分愤怒让你做的以及你自己想要做的事情。努力提高对这两种"声音"的认识能力，就是本次的作业。下次当你感到愤怒时，弄清楚①愤怒想让你做什么，②"真正的自我"告诉你要做什么。
- 最好在一些只让你稍微有点儿愤怒的情况下练习这个方法。因为，当你非常愤怒时，"愤怒的声音"过于响亮，以至于淹没了"真正的自我"的声音。因此，必须在只是稍微有点儿愤怒的情况下练习，去适应"真正的自我"的声音，这样，最终你将在非常愤怒的情况下也能听到它。记住，大多数人都想要忠于"真正的自我"，而非被愤怒所控制。

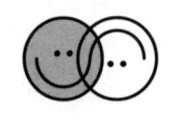

Overcoming
Anger And Irritability

第 16 章

为什么爱钻牛角尖很危险

我想讲两个关于"钻牛角尖"的故事,看看能否引起你的共鸣。这与那个因犯计划去追杀狱警的故事有点儿相似,却更普遍。

我和一群公交车司机聊天的时候,听到了第一个故事。司机师傅们说,和乘客发生争执是常事。有些人不愿意买全票,并且坚持要上车。当司机要求必须付全价时,他们感觉十分不悦。双方因此发生争吵,乘客最终还是掏了钱上车入座。看起来事情就这么解决了。

但事实并非如此,上车之后,乘客往往会坐在那里开始"钻牛角尖",认为司机对他不礼貌,或者觉得司机过分执着于让他买全票(明明他可以少付一点儿),等等。然后,当他要下车时，就会再次挑起冲突，大声叫嚷甚至骂街。有时候，司机不得不对自己进行人身保护。

这很奇怪，不是吗？两次争吵之间，并没有发生任何事情，乘客只是坐在后座而已。但是你能想象他心里在想什么吗？他正在逐渐进入一个螺旋的状态。与其说这是一个螺旋式下沉，我认为它更像是螺旋式上升——让他感觉自己充满力量、非常愤怒、坚信自己无比正确——的状态。这无疑是愤怒，而且是非常强烈的愤怒，但它通过某种奇怪的方式，变成了一种享受。因为你感到充满力量，而且无比自信。还有什么时候你会有这样的感觉？也许不会有了。

第二个故事是我的亲身经历，也是一件类似的事情。几年前，一个客户侵犯了我们的版权。这件事当然很恶劣，但我的反应完全是过激的。而且，这种过激的反应甚至持续了好几个月。我写了一封言辞尖锐的信，客户回复后，我又回过去，他们再次回复，我也继续回信，如此反复。这几乎成了一个爱好，而且是一个了不起的爱好。正如前文所述，它让我感觉自己充满力量、非常自信，而且表明我不是好惹的人。

如今回想起来，我觉得自己愚蠢透顶，竟然弄到这种地步，我觉得自己"一定是疯了"。从某种意义说，这不仅仅是一个比喻，我们在这些状态下的思考非常接近于妄想。当我们摆脱这种状态时，可以非常清楚地意识到这一点，但可悲的是，正处于这种状态的我们却无法看到！

如果你从未处于这种状态，也从未见过其他人处于这种状态，那么可能很难想象我在说什么。相反，如果你自己或知道其他人曾经处于这样的状态,那么一定会有共鸣。这是一种极端的愤怒,却很少受到重视。这个问题非常严重,因为它可以控制你长达几天,甚至几个月。而且,有目共睹的是,它也会对你和周围人的生活产生非常严重的影响。

那么,我们能做什么呢?有两种措施:防患未然和亡羊补牢。

防患未然,是预防措施,也即保持正常的生理机能。吃好睡好,坚持锻炼,谨慎使用酒精等会影响情绪的物质。良好的生理机能能够让我们以更具适应性的方式处理情绪。

亡羊补牢,是补救措施。假如你能够觉察到,自己正处于这种情绪风暴中,你会做些什么呢?最好的答案是:让"仲裁法庭"来处理你的不满。我加引号是因为,这并非字面意义上的法庭,而是任何一个你自愿赋予仲裁权力的人。也许这么说太隆重了,但请你记住,法庭中最重要的就是遵守判决。因此,你可以自由选择交谈对象和征求意见的对象,但必须遵守以下两条规则。

(1)必须公正、全面地描述情况,不能试图影响他们的判断。
(2)必须接受他们的判断以及建议。这很重要,因为现在,你自己的判断极其不靠谱,早已扭曲,只会帮倒忙。因此,你需要问一个值得信赖的朋友,并且必须听从他的判断,而不是去找和你当下的扭曲观点意见相同的人!

那么你要问谁呢？请你在处于平常心境时做决定。你要找的是一个这样的人——你非常信任其判断力，且对方与你三观相符。这一点很重要，因为你需要的是三观相符的建议。这么做的原因在于，高度愤怒的状态下，你无法做到用冷静的决定来代替扭曲的决定。所以需要求助于一个值得信赖的人。

如果你找不到一个可以信赖的人（事实上很多人都找不到），怎么办？你仍然需要寻求帮助。我的建议是，你可以寻找心理咨询师或心理治疗师，也可以让三甲医院的医生帮助推荐。总而言之，一定要对咨询师或治疗师坦诚相待，正如对一个值得信赖的朋友那样。

第 17 章

用正念来减少愤怒

过去十年间,有很多关于正念的文章,其中一些对我们很有帮助。在本章中,我想讲一讲确实有帮助的那部分,以及我们如何能从中受益。

在所有涉及正念的技能中,对我们来说,有三个技能十分关键。

(1)观察的能力。

(2)描述的能力。

(3)以不做评判或平静的方式来做这两件事。

为了学习这些技能,人们经常会做"葡萄干"练习。这对我们来说可能不太有用(后面会讲更有用的练习)。如果你想试试，可以找一个葡萄干，然后吃掉它。当然，不只是吃掉这么简单，要把它放进嘴里，觉察有关它的一切。甚至在把它放进嘴里之前，就要观察并描述它的样子，以及它带给你的感觉。在观察和描述的过程中，不做任何主观评判。换句话说，你不能说，"我不太喜欢它的样子"，你只是客观地描述，"它很小，和一枚硬币差不多，是一个圆球状的物体，很柔软，有褶皱。它是棕色偏黑色的，有一点儿硬，又有点儿软"或者顺着这些往下说什么都行。然后你把它放在嘴里，再次观察和描述它。例如你可以说，"它没有什么味道，但我能感觉到它的褶皱，而且它还是软软的，我可以用舌头把它顶在我的上颚"，等等。同样，这需要以不评判的方式进行。例如，你不能说，"我相当喜欢它的味道"或"我不喜欢它的味道"。

刚刚我说，这对我们可能不太有用，或许有点儿草率。归根结底，这是一个很好的练习。学会用不评判的方式观察、觉知、描述事物，对我们来说很重要。

但是，在这里我们需要平静地观察和描述的是——情绪。不是愤怒的情绪，而是其他的情绪，比如：

- 失望
- 受挫
- 悲伤
- 感到被拒绝
- 孤独
- 爱
- 欲望

例如，试着回想你最近一次感到失望的时候。如果你不善于观察和描述情绪，可能会发觉这个任务相当困难。但可以肯定的是，我们所有人都会不时地、经常地感到失望。最近一段时间里，应该会有你感到失望的时刻，但你能想起来吗？

如果能，那么除了失望，当时是否有其他情绪存在？例如，你是否因为某人让你失望了而感到愤怒呢？如果是这样，你不是个例。事实上，许多人不会说自己对某件事情感到失望，而会直接将自己的感觉描述为愤怒。然而，失望也是他们当下的感受。

因为他们在失望的基础上又增加了一层判断，从而使得失望与愤怒并存。愤怒通常被称为"第二支箭"（失望是第一支箭）。因此，如果能够仅仅保留单纯的失望情绪，就能避免第二支箭对我们的伤害。

那么，我们如何学习仅仅只是失望（其他情绪也是如此），而不让愤怒和失望同时出现呢？答案是，学会不加评判地觉知和描述：我们只需对自己说"是的，我很失望"，并且在结尾加一句"那又怎样"。换句话说就是，"我很失望，但那又怎样呢？这就是生活，这不是我第一次感到失望，也不会是最后一次。世界上有六十亿无法摆脱失望的人，我只是其中一个而已"。如果我们能学会这样做（我可以告诉你，其实并不难），那么就能为自己免除第二支箭（愤怒）带来的痛苦，以及所有糟糕的感受。

但也许你会说，我已经不记得上一次失望是什么时候了。那你能记起来上一次愤怒的时候吗？我猜你可以，否则你就不会读这本书了。请回想那段经历，当时你的愤怒可以被解读成其他情绪吗——比如说，失望、受伤、感到被拒绝等。如果是这样——坦率地说，通常会是这样——那么你的愤怒并不是真正的最主要的情绪，而只是背后袭击你的第二支箭。你已经感到受伤或被其他情绪淹没，然后又感到愤怒，这简直是万箭穿心。

所以，如果这和你的情况相符，请你在下次感到愤怒的时候仔细看一看，自己的愤怒是否可以用其他情绪来描述。对自己宽容一些——也相信自己——允许自己说"是的，实际上我只是非常失望和受伤"，并相信自己能处理好这个问题。处理方法和之前一样，对自己说："其实我感到非常失望和受伤，但这不是第一次，也不会是最后一次。我不孤单，我只是六十亿会感到失望和受伤的人中的一个。"

因此，用正念的术语来说，我们正以一种平静或者不做评判的方式，准确地观察和描述我们的情绪。这并不能明显改变失望或受伤的感受，但它确实阻止了第二支箭——愤怒。这是一个巨大的进步，因为往往是第二支箭带来了真正的问题。第一支箭所带来的痛苦，我们是可以应对的。只有超过一定限度后，我们才无法应付、彻底崩溃。大多数人都有这样的经历，所以我想你明白我在说什么。

如果你想更进一步：

（1）练习准确地观察、描述你的情绪。练习的过程中保持不做评判，换句话说，只去注意你的情绪是什么，然后描述它。除了可能对自己说一句"那又怎样"之外，不要再做任何事情。

（2）多试几次，看看你是否能做得更好，以及它是否能减少你的愤怒。坦率地说，如果没有减少，我会感到惊讶。这个方法简单、易行，能够促进积极情绪，有着极强的吸引力。

（3）你也可以把正念扩展到其他方面。例如，用正念的方式吃东西，就像葡萄干练习那样。可以用其他任何食物代替葡萄干。仔细观察要吃的东西，吃到嘴里之后，可以描述它的味道以及带给你的感觉，整个过程均以非评判性的方式进行。

（4）从某些方面来说，这样的练习意义不大，但它相当令人愉悦，而且也为你用同样的方式处理情绪做了很好的准备。

第 18 章

增强真实的自我

我在本章中描述的内容源于接纳承诺疗法（acceptance and commitment therapy，ACT），该疗法的创始人是史蒂文·海斯（Steven Hayes）、柯克·斯特罗萨尔（Kirk Strosahl）和凯利·威尔逊（Kelly Wilson）。接纳承诺疗法非常复杂，以至于有人说，如果你以为自己彻底掌握了 ACT，那恰恰证明你对它一无所知。好吧，我也不太确定我是否彻底掌握了，但我应该已经在路上了。

无论如何，我还是掌握了一个明确的思想，而且我认为它对于本书讨论的内容十分关键。你是否记得，在前一章中，我描述了人们如何进入一种丧失判断力、被愤怒劫持的极端状态，同时感到充满力量，认为自己无比正确。你可能还记得，之前也提到过类似的内容——如果我们只是简单遵从愤怒的命令，通常不会有好结果，而遵从真正的自我去行动才是最好的。

这两个观点都假设我们"真实的自我"是发展良好的、清晰的和强大的，否则，愤怒很容易凌驾其上。也许你真正的自我本身就很完善、很强大，但我的不是这样，我必须要付出努力加强它才行，而接纳承诺疗法的部分目的就在于此。

接纳承诺疗法代表着：

接纳（Accept）你的想法和感受，以及其他无法控制的事情。

承诺（Commit）坚持与自己价值一致的方向。

按照你的价值采取行动（Take action）。

如果你遵循这三个理念，"真实的自我"就会被加强，从而有可能在你被激怒时发挥作用。这将是你的愤怒和"真实的自我"之间的一场公平斗争，上述三个理念，可以帮助"真实的自我"获得胜利。

我们必须非常清楚自己的价值是什么，这也是本章的重点。如果我们能明确自己的价值，就能做出承诺，据此采取行动。如果我们不知道自己的价值是什么，那么还没开始就遇到了麻烦。

为何不花点儿时间写下你的价值呢？只需要花1分钟，把它们写下来。

本书中没有任何"刁钻的问题"。这已经是最难的问题之一，因为许多人的价值都非常模糊不清。如果你有完全清晰的价值，那么恭喜——你大概并不知道自己是少数。

那么，我们如何明确自己的价值呢？路斯·哈里斯（Russ Harris）[他写了一本很好的书，叫作《ACT 就这么简单》(*ACT Made Simple*)] 这样说道：

在你内心深处，你希望自己的生活是怎样的？你想捍卫什么？价值决定了我们长期的行为方式，明确的价值能够创造有意义的生活。

是不是听起来很不错？确实如此。但我们如何确定自己的价值呢？史蒂文·海斯和路斯·哈里斯提出了这样一些观点——看看有没有触动到你的：

（1）问问自己：

在生活中什么对我很重要？

我想捍卫什么？

（2）你希望自己在讣告中被如何描述？（可能你完全不想看到自己出现在讣告中，但你懂我的意思，只是想象一下。）

（3）来点儿愉快的，想象一下你的下一个重要生日（比如 18 岁、60 岁等）。有人在你的生日会上致辞，关于你、你所捍卫的东西、你对他们的意义，以及你在他们生活中所扮演的角色。如果在一个理想的世界里，你过上了想要的生活，你希望听到他们说什么？

（4）你不赞成或不喜欢别人的什么行为？如果你处于他们的位置，你会有什么不同的做法？为什么？

如果你发现任何一个问题给你带来了启发，那么建议你把它们写下来，在笔记本上、智能手机或电脑上都可以。关于价值，大家会列出这样一些词：

- 有能力
- 正直
- 善良
- 负责任
- 值得尊敬
- 敬业
- 享受生活／有趣
- 忠诚
- 诚实
- 有团队精神
- 端庄
- 善于合作
- 善于共情／有同情心
- 睿智
- 让人有安全感
- 好学
- 悲悯
- 友善
- 慷慨

- 乐观
- 可靠
- 灵活

这个清单很长，由很多人的答案汇编而成，每个人都会有两到三个最关键的价值，例如，善良和忠诚。这并不意味着他们天生就是善良和忠诚的，而是意味着他们承诺自己正在朝这个方向行动——努力变得善良和忠诚。这是一个长期的、日积月累的过程，也是一项令人愉快的、有价值的事情。

有些人会说"我天生不是这样的人"或类似的话，让自己泄气。这个观点很重要，尽管它也确实让人泄气。我们的大脑有很多部分，其中有一个部分很大程度上代表了我们天生的样子。但令人高兴的是，大多数人都希望自己比天生状态更复杂巧妙一些，以便能够将我们与古代祖先区分开来，我猜这就是促使你阅读本书的原因。稍后，我们将更多地谈论大脑中发生的事情。

这就是本章内容，就是这么简单。本章很短，但我认为它和其他章节一样重要。在本章中，我们采取了一种有时被称为建构性的方法，即建构我们好的一面，因为我们确信，当愤怒试图暂时掌控我们时，这样做会使我们处于有利地位。希望你喜欢下面的作业。

作业

（1）思考你的价值，如果愿意的话，可以与你认识或尊重的人讨论它们。

（2）注意那些自己按照价值行事的时刻，并注意这样做所带来的感觉。

（3）记下你的价值（比如用手机），这样你就可以随时参考。

进一步了解

本章推荐书目如下：《接纳承诺疗法》和《ACT就这么简单》。

第 19 章

如何控制你的愤怒

正如之前所说,有些人认为抑制是不好的。他们一提到"抑制",就将其等同于不活跃、缺乏自发性。

在我们的语境中,情况恰恰相反。记住抑制在我们的模型中的位置(如图 19-1 所示)。

这里的重点是,愤怒是一种情绪,我们可以选择表现出来,也可以选择不表现。因此,某人有可能在你不知道的情况下生你的气,只是因为他选择不告诉你或不以任何方式表现出来。当然,反之亦然:在你感到非常烦躁和愤怒时,其他人很可能一点儿也没有发现。多亏了我们的抑制力,维持了局面的和平。我们大脑中有一个区域,专门负责抑制情绪表达,这并非偶然。

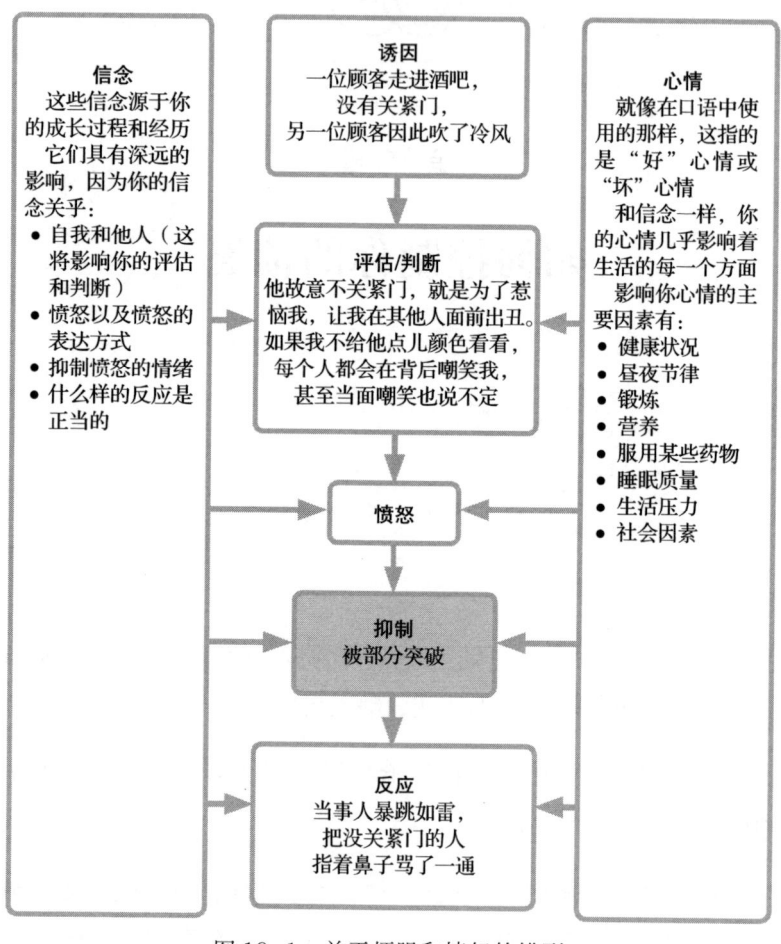

```
┌─────────────┐      ┌─────────────┐      ┌─────────────┐
│   信念      │      │   诱因      │      │   心情      │
│ 这些信念源于你│      │一位顾客走进酒吧,│    │ 就像在口语中使│
│ 的成长过程和经历│    │ 没有关紧门, │      │用的那样,这指的│
│ 它们具有深远的│     │另一位顾客因此吹了冷风│ │是"好"心情或│
│ 影响,因为你的│                            │"坏"心情    │
│ 信念关乎:   │                            │            │
│ • 自我和他人(这│                          │ 和信念一样,你│
│   将影响你的评估│                         │的心情几乎影响着│
│   和判断)  │      ┌─────────────┐      │生活的每一个方面│
│ • 愤怒以及愤怒的│    │  评估/判断  │      │ 影响你心情的主│
│   表达方式  │      │他故意不关紧门,就是为了惹│ │要因素有:    │
│ • 抑制愤怒的情绪│   │恼我,让我在其他人面前出丑。│ │ • 健康状况  │
│ • 什么样的反应是│   │如果我不给他点儿颜色看看,│  │ • 昼夜节律  │
│   正当的   │      │每个人都会在背后嘲笑我,│   │ • 锻炼      │
│             │      │甚至当面嘲笑也说不定  │   │ • 营养      │
│             │                            │ • 服用某些药物│
│             │                            │ • 睡眠质量  │
│             │      ┌─────────┐          │ • 生活压力  │
│             │──→   │  愤怒   │  ←──     │ • 社会因素  │
│             │      └─────────┘          │             │
│             │           ↓                │             │
│             │      ┌─────────┐          │             │
│             │──→   │  抑制   │  ←──     │             │
│             │      │被部分突破│          │             │
│             │      └─────────┘          │             │
│             │           ↓                │             │
│             │      ┌─────────────┐      │             │
│             │──→   │   反应      │  ←── │             │
│             │      │当事人暴跳如雷,│     │             │
│             │      │把没关紧门的人│      │             │
│             │      │指着鼻子骂了一通│    │             │
└─────────────┘      └─────────────┘      └─────────────┘
```

图 19-1 关于烦躁和愤怒的模型

这一脑区可能因为某些影响(如酒精)而暂时受损,也可能因受伤或某些疾病而永久受损。然而,令人高兴的是,它也可以被训练。在本章中,我们将关注抑制,包括我们为什么需要抑制,以及如何发展使用它的能力。

内部抑制和外部抑制

抑制可分为两类：

- 道德的，或"内部"抑制。
- 现实的，或"外部"抑制。

暂且不说如何在关键时刻发挥作用，我们先来分别看看这两种抑制是什么。

道德抑制

道德抑制的例子：

- "到处呵斥别人是不对的"。
- "经常对人发火是不对的"。
- "打人是不对的"。

几千年来，哲学家们一直在思考是什么决定了道德标准，并提出了多种理论。其中一种观点是"如果每个人都这样做呢"，这一点与我们讨论的内容密切相关。如果人人都相互呵斥、发火、大打出手，这个世界还有什么存在的价值？如果我们不希望世界变成这样，我们又为什么要这么做呢？

道德的一个基础是"遵守规则"，"十诫"就是其中一个例子。这是一种对行为强有力的约束。人们都会为自己设定规则、约束行为——甚至是针对一些微小的细节。其中一些规则可能非常奇怪，甚至令人厌恶。例如，有些男人坚持这样的规则：

"永远不要打女人，除非你们住在一起。"这种规则能有什么道德基础？我看不出来，相信大多数人也看不出来。即便如此，仍有一些人受其支配。

有些规则来源于社会，人们皆遵守并服从。例如，"不能拿刀捅人""不能开枪打人"和"不能殴打别人"。当然，并不是每个人都遵守所有的规则。大多数人遵守了前两条，却违背了第三条。有些父母仍然在打孩子，尽管他们通常会用一种比较委婉的说法，比如"扇耳光""给一巴掌"或"打屁股"。

一旦你开始超越社会规则，额外为自己制订规则，那么这件本该很简单的事情，就变得复杂起来。例如，在我们的孩子出生之前，我和妻子为自己设定了一条规则：永远不打孩子。我们认为这个规则很好，而且也确实遵守了。但即便如此，也依然存在一些问题，我后面会讲。

在此之前，我想让你们思考这样一件事。有一次，我走在市中心的人行道上，旁边有一个女人带着两个孩子，大概一个8岁，一个10岁。她一边走，一边打一个孩子的脑袋，并对他说："我告诉过你多少次，不要打你弟弟？"不得不说，母亲言语和行为的矛盾性给这个令人遗憾的场面带来了一丝黑色幽默。这种"让他也尝尝被打的滋味"的想法很常见。但是，"榜样"的力量总是惊人的。这个孩子很可能产生了一个非常粗暴的想法："打人是可以的，连我妈妈都这么做。"

回到我自己身上。在抚养孩子的过程中，我们很自豪从来没有动手打孩子。这是否意味着他们表现得像天使一样？不，当然不是。事实上，他们就像所有其他孩子一样。小时候，他们会大喊大叫、争吵、互掐、打架，尤其是大喊大叫。那么，我是如何解决这种情况，阻止他们喊叫和争吵的？好吧，自然是更大声地喊。

这通常在短期内有效，但这是一个好方法吗？显然不是，因为我所做的和人行道上那个妈妈完全一样：以暴制暴。那么，我的孩子会学到什么？大概是：可以大喊大叫，连我爸爸也会这样做。（请放心，当我意识到它的荒唐之后，就不再这样做了。）

"榜样"的力量很强大。它指的是，你所树立的"模范"或"范例"。在亲子之间，父母的榜样力量是尤为强大的。

有另一个例子说明了设定规则的力量。莫是一个年轻人，习惯于殴打女朋友来结束争吵，并因此前来求助。事件似乎是这样发生的：他们开始争吵，相互吼叫，只有在莫动手打女友时才会结束。之后他会感到非常内疚，她也感到很糟糕，可想而知，这损害了他们的关系。然而，莫似乎无法停止这种行为。这当然很奇怪。人们可能会说："如果他不想做，为什么不停下来呢？"但是，事情往往就是如此，他似乎也是自己行为的受害者。莫无法帮助自己，因此通过心理咨询寻求帮助。

莫和我谈论了他的学生时代（当时他只有20岁出头，所以这就是不久前的事情）。他特别告诉我，似乎自己天生就是一个被霸凌的对象。在他即将毕业的那年，有个同学经常欺负他。有一次，这个年轻人又在找他麻烦，可能无意中撕破了他的衬衫。莫告诉我，当时，他内心深处有什么东西断裂了。显然他失控了，抓住对方，并给了他重重一击。或许你也猜到了，从此霸凌结束了。事实上，霸凌者不仅停止了对莫的折磨，似乎还真的感到了悔恨。

同样不足为奇的是，莫对自己感到"相当满意"，他似乎找到了生活中许多问题的解决之道（但他自己从来不曾清楚地意识到这一点）。然而，就在那次事件之后的6个月，他第一次打了女友。从此，就没有回头路了，这种习惯保留了下来。

问题来了：莫为自己制订了什么规则？可能是类似于：打人是可以的，事实上这可以解决很多问题。

然而，这个规则并不完全正确。面对霸凌，回击确实是有效的解决方式（抛开打人的行为是否正确不谈）。但在感情生活中，暴力对双方都造成了非常负面的影响。

我要求他尝试一个新的规则，即有时可以和同龄男性打架，但和其他人不行。他先是尝试了一下，然后，逐渐"接受"了这个规则，并将其内化于心。在后来的会面中，他和女朋友一起过来，并告诉我说这个新规则非常有效。（顺便说一句，莫并没有从此到处与同龄男性打架。其实他本性是非常平和的。）

因此，第一类抑制是：道德抑制。可以通过问自己这个问题——"如果每个人都去做这件事，会怎么样"来设立道德抑制。这类抑制通常会阻止我们不分青红皂白地呵斥、吼叫和殴打别人。

衡量这些道德抑制的一个标准是"遵守规则"。许多规则是国家的法律，显然应该遵守。其他规则，如不打孩子，是我们自己制订的。即便如此，这些规则也很重要。之前章节中提到的酒吧里的那个人，面对对方愤怒的拳头，他说"嘿，我已经 40 多岁了"，从而免除了暴力事件。当对方开始思索，规则里面是否包括"不能打 40 岁以上的人"的时候，最冲动的那一刻就已经过去了。

现实抑制

第二类抑制，是指出于现实原因而选择约束自己的行为。这类抑制通过提醒我们不遵守规则可能会带来的可怕后果来限制我们的行为。

练习

下面，我列出了本书中谈到过的一些例子，请你说说为什么例子中的人没有按他/她的想法去做。为了提供参考，我已经填好了前三个问题的答案。请试着回答剩下的问题。

（1）贾斯廷对他吵闹的邻居大声播放音乐非常恼火。有什么现实的原因阻止了他直接上门去教训邻居们？

答案：他认为如果这样做了，他们可能会把音乐放得更响。而且无论如何，隔壁的人都比贾斯廷更高大、更健壮，所以他觉得自己不能太放肆。

（2）邻居的孩子在街上踢足球，他们的球在马里厄斯的花园里到处滚，这让他非常恼火。是什么阻止了他出门去教训那些孩子和他们的父母？

答案：同上。马里厄斯觉得这样做可能会让孩子们变本加厉,每次见面都嘲笑他,而他们的父母甚至可能鼓励这样的做法。

(3)艾莎对她丈夫吃饭吧唧嘴感到非常恼火。是什么阻止她跳起来,敲着桌子喊"我的天哪,你为什么不能像正常人一样吃饭"?

答案:她担心如果这样做了,会导致婚姻摇摇欲坠。她的丈夫将意识到,她的恼怒并非真的指向他吃东西的方式,而是对他的一切,吧唧嘴的背后象征着更深层的东西。

(4)克里斯开着一辆很酷的四驱车,前面有一个驾驶技术很差劲的人开着老式破车,这让他感到很恼火。克里斯一直追着这辆车,当对方在下一个环岛靠边停时,他有种想要直接撞过去的冲动。是什么阻止了他这样做?

(5)迪伦没有什么时间和警察打交道,因此,当他在一个深夜被拦下,被问到要去哪里、要做什么时,他想跟他们说不要多管闲事。事实上,他觉得自己快动手了。是什么阻止了迪伦这样做?

(6)萨曼莎对俱乐部门口的保镖有点儿意见。因此,当一个保镖阻止她和她的朋友进入时,她对着他大喊大叫,并看似十分"用力"地打了他一拳——但实际上,没用什么劲。为什么她不用全力呢?

下面是当事人可能给出的回答。看看它们与你所写的是否吻合。

(4)克里斯开着一辆很酷的四驱车,前面有一个驾驶技术很差劲的人开着老式破车,这让他感到很恼火。克里斯一直追着这辆车,当对方在下一个环岛靠边停时,他有种想要直接撞过去的冲动。是什么阻止了他这样做?

答案:他知道这样做会导致一场严重的交通事故,而他自己会因此吃官司,最少也要被吊销驾照。

(5)迪伦没有什么时间和警察打交道,因此,当他在一个深夜被拦下,被问到要去哪里、要做什么时,他想跟他们说不要多管闲事。事实上,他觉得自己快动手了。是什么阻止了迪伦这样做?

答案:他知道自己可能会被逮捕并被起诉,而且大概率会败诉。

(6)萨曼莎对俱乐部门口的保镖有点儿意见。因此,当一个保镖阻止她和她的朋友进入时,她对着他大喊大叫,并看似十分"用力"地打了他一拳——但实际上,没用什么劲。为什么她不用全力呢?

答案:她知道自己肯定打不过,而且她并不想做一些会被视为"攻击"的行为。

很明显,这些抑制与"道德"一点儿关系都没有。它们完全取决于现实的后果,也就是不想在某些方面吃亏,而这也没什么不好。

总结

在本章中,我们研究了两种类型的抑制:内部抑制和外部抑制。

内部抑制主要与我们为自己制订的规则,或者我们承诺遵守的他人设定的规则有关。如果我们心里对这些规则非常清楚，将有助于我们遵守它们。有些人甚至会把自己的规则写下来，似乎这也可以起到加强的作用。

外部抑制来自现实的考虑，即如果你采取某些行动，会发生什么。这与内部抑制同样重要，也同样"好"。

如果想要很好地管理愤怒，就必须发展并逐步调整我们的抑制能力。

作业

试着回答以下问题：

（1）你的内部抑制是什么——你为自己在愤怒和烦躁方面所设定的规则是什么？

（2）阅读本章后，你是否想为自己制订新的规则？如果是，那是什么？

（3）你的外部抑制有多强？（为了判断外部抑制的强度，你可以问问自己，它们是否总能以你希望的方式控制你的行为。如果答案是不能，这种失败的情况有多常见呢？）

（4）如果你想加强外部抑制，可以怎样做？（下一章我们也会讨论这个问题，但现在就思考一下也很有意思。）

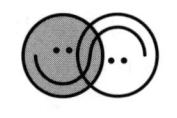

Overcoming
Anger And Irritability

第 20 章

我们为什么会烦躁和愤怒，我们能对此做些什么

继上一章之后，你可能会顺理成章地想到以下问题："如果有这么多道德和现实的原因让我们抑制烦躁和愤怒，为什么我们还会有愤怒的能力？通常情况下，人类的感受和行为都是有目的的，那么，愤怒和烦躁的目的是什么呢？"

最核心的答案似乎是，烦躁和愤怒是一种反馈机制——一种能够让其他人意识到他们的所作所为对你来说很糟糕的方式。因此，烦躁和愤怒使人们社会化，作为一个社群共同工作，而不仅仅是一个个相互竞争的个体的集合。

既然如此，我们为什么要抑制烦躁和愤怒？如果它能实现这一重要功能,告诉某些人我们觉得他们很"过分",抑制它不会让一切乱套吗?其他人会蹬鼻子上脸,丝毫不害怕有什么后果。

极端情况下,这确实会发生。如果你从不表现出任何烦躁,从不表现出任何愤怒,可能别人会感到困惑。他们不知道你什么时候高兴,什么时候不高兴。对于那些想取悦你的人来说,这会让他们觉得非常摸不着头脑。

但也有一个完美的中间地带。一些人显然是"烦躁"的。并不是建议他们永远不要表现出任何烦躁或愤怒——这只有超人才能做到(而且正如上文所述,这也毫无帮助)。生活中确实有些事情是令人恼火的,它们完全可能使一个"正常"人恼火。然而,当我们形容一个人很"烦躁"时,他就有点儿过分了,可能会被一些不会激怒"正常"人的事情所激怒,或者对稍微有点儿恼人的事情,也表现得比大多数人更愤怒。

因此,与以往一样,这不是一个"全或无"的问题。让人们意识到我们的烦躁和愤怒很重要,但这一做法也很容易过度,以至于最轻微的小事也会激怒我们,或者在没能完全如愿时大动肝火。在这种情况下,我们烦躁和愤怒的发生机制显然运转过度了,以至于适得其反。当它恰到好处地发挥功能时,能够为其他人提供有效的反馈:一旦他们感觉到我们的烦躁和愤怒,就可能会因此停止不合适的行为。但如果它的运作方式过于极端,我们周围的人就会战战兢兢,我们和他们的关系也将走向破裂。

这种感觉就像是嫉妒和占有欲。大多数人都会希望爱人能因为自己而表现出一点儿嫉妒和占有欲。如果没有,许多人就会觉得对方并不是真正爱自己。但是,嫉妒和占有欲太多时会发生什么？有些人，无时无刻不在想爱人正在做什么，是不是出轨了。有些人，甚至会突然回家，在家附近或电话上安装监听设备，甚至雇用私家侦探跟踪自己的伴侣。显然，这种程度的嫉妒和占有欲是适得其反的，很快就会导致关系破裂。

因此，在这两种情况下，无论我们谈论的是烦躁和愤怒，还是嫉妒和占有欲，过度的时候都让人无法承受。事实上，这就像盐一样，合适的量只需要一点点！

踩住刹车

我们可以看到，出于各种道德和现实的原因，我们想要抑制烦躁和愤怒——几乎是想把它们扼杀在摇篮里。如果我们能够把愤怒保持在非常低的水平，它可以对我们和周围的人起到非常好的作用；但如果过度了，情况就适得其反：它对所有人都非常糟糕。

那么，如何保持这种困难的平衡，将烦躁和愤怒保持在一个合适的水平上呢？在这一微妙的水平上，周围的人会很高兴看到我们偶尔发火，这让他们得以明白我们的底线。

对于这样一项复杂的任务，我们需要一个简单的比喻。交通灯是我能想到最好的比喻。开车行驶在任何一个大城市里，你都会发现一个复杂的、相互联通的交通灯系统。例如，在我家附近有一条环形公路，我必须走这条路才能上高速。在这条路段上，有几组特别明显的交通灯。第一组灯通常会让你停下来，出于某些考虑，它们通常会是红灯。当你停下来等这个红灯时，就可以看到前方必须通过的第二组交通灯也是红灯。某个时刻，第一组灯变绿，你可以走了。如果以一个合适的速度前进，当你到达第二组交通灯（距离只有 40～50 米）时，它们也会变成绿色，可以顺利驶过。在这个过程中，你必须保持头脑清醒。同样的情况也适用于第三组灯，还是在前方 40～50 米处，与前两组灯依次排列，你可以把握好时间，一口气顺利通过全部三组交通灯。

总之，四处汇入的车流先在第一组交通灯前停住，随后以完全有序和可控的方式继续前进。当然，这条路有岔路口，因此交通灯是非常必要的。如果你能从空中俯瞰整个过程，会发现车辆尽管数量惊人，但都配合得很好，并以尽可能合理的速度前进。这是多么令人惊奇的互动和配合。

两个或更多的人进行互动时，也会发生完全相同的情况。每个人都有自己的方向感，有自己想保持的节奏和兴趣。同时，他们非常乐意相互配合，不仅仅因为他们知道这是互惠互利的过程，还因为这也会令人感到愉快和满意。

那么，这个交通灯的比喻在实践中如何运作呢？

最重要的是发现红灯！这很简单。只要我们发觉自己身上有任何烦躁或愤怒的情绪，这就是一个红灯。所以不要贸然闯过它；那样会带来灾难。

一方面，面对红灯——烦躁和愤怒时，我们需要停下来。这不是一个"避让"的标志，而是一个"停止"的标志。我们必须确保能够完全停住。有时人们会说"冷静一下，让我们从一数到十"。如果你愿意，也可以这样做。当然，这是一种十分明显的"停止"方式。另一方面，你也可以在注意到红灯（烦躁和愤怒）之后转移话题。随后，当烦躁和愤怒已经消退到很小的程度时（如果你愿意，可以把它称为黄灯）。想出一个合适的解决方法，并且执行它。

在生活中应该如何运作呢？下面有一些真实的例子，第一个例子——你可能已经耳熟能详了——关于奥马尔，以及酒吧里的冷风。

奥马尔在酒吧

红灯：又有一个人进来了，没有关紧门。奥马尔感到一股突然涌现的愤怒，他意识到这是一个红灯。

黄灯：暂时不说话，这很有帮助。很快，几乎是一瞬间，奥马尔的愤怒就降到了一个较低的水平。与此同时，他判断出了最好的解决方法。

绿灯：奥马尔走近刚刚进门的人，然后俯身说："把门关上好吗，朋友，要不冷风就吹进来了。"

不仅如此，他还可以一次又一次地重复这一连串动作，就像在旅途中顺利通过数百个交通灯一样。

纳撒尼尔打碎杯子，激怒了洛拉

红灯：杯子砸在地板上的声音使洛拉的肾上腺素飙升，她意识到这是红灯。那一瞬间她什么也没有说，而愤怒迅速下降到了一个相对较低的水平。

黄灯：随着她的愤怒程度大大降低，她想出了最好的反应方式。

绿灯：声音中仍然带着一丝恼怒，她说："拿扫帚把碎片打扫干净，倒进垃圾桶，就还是个好孩子。"

同样，这很有趣，因为纳撒尼尔不仅仅是打碎了一个杯子。事实上，他确实有些粗心。因此，洛拉的声音中带有一丝恼怒，这也许是合适的。愤怒当然非常真实，她真的感受到了。但通过遵循交通灯的思考程序，她把愤怒放在了一个有用而非破坏性的情境中。

维基泄露了丹尼的秘密

红灯：丹尼感到了强烈的愤怒，因为维基不仅仅是对几个人，而是在广播中，泄露了丹尼的秘密。这种强烈的愤怒持续了好几天。因此，他什么也没说。

黄灯：当愤怒消退到一个比较容易控制的水平时，丹尼想出了处理这个问题的最佳方式。

绿灯：在一个时间充裕、气氛融洽的时候，丹尼对维基说："我觉得我们应该谈一谈，你知道，我对你那天在广播中说的话非常愤怒。在我看来，我们应该谈一谈什么是我们两个人之间需要保守的秘密，什么是可以对别人说的。我知道有时候面对记者（尤其是那些非常精明的记者），我们会被套话。所以，我们或许应该一起讨论一下，之后如何应对。"

红绿灯技术非常强大、非常有力。但有几点需要注意：

第一，有时红灯只会持续很短的时间，仅仅一两秒钟。酒吧里的奥马尔，以及看到纳撒尼尔打碎杯子的洛拉，都是这样的例子。其他情况下，红灯会持续几个小时甚至几天——例如丹尼和维基。

第二，不可能一切都如你所愿。埃米就是这样，她女儿永远不会自觉地整理卧室。我们必须认识到，没有任何法律规定我们想要什么就能够得到，每个人都是如此。没有必要将这一点"灾难化"。事情本质就是如此。

第三，也是最值得庆幸的一点，练习是有效果的。正如我们能够熟练应对路况中的红绿灯一样，我们也会慢慢学会应对这些情绪的红绿灯。曾经，当有人在酒吧里不关紧门时，奥马尔会变得越来越愤怒，而现在，他却越来越能够熟练使用红绿灯技术处理这种情况了。他会说："把门关上好吗，朋友，要不冷风就吹进来了。"对方听来，这似乎是奥马尔第一次说这句话；但事实上，这已经变成奥马尔的一个熟练做法了。

同样，对于洛拉和纳撒尼尔，尤其是如此。纳撒尼尔给了洛拉很多机会来练习发现红灯，洛拉也通过识别并且富有成效地通过这些关口，来尽自己的一份努力。

=== 练习 1 ===

- 想一想过去两天里发生的红灯：让你真的很愤怒的事情，或者有可能会让你愤怒的事情。
- 你是否意识到这是一个红灯，并在这时停了下来？
- 你是否停了下来，等待愤怒消退到一个很低的水平，再决定你的最佳前进方向？随后，你是否沿着这条富有成效的道路前进？

好吧，除非你以前读过这本书，否则很可能会给出一个或者多个否定的回答。因此，这里有另一个练习……

练习2

- 同上，红灯究竟是什么？换句话说，发生了什么让你感到愤怒？
- 在当时的情况下，"停止"意味着什么？换句话说，你是否可以什么都不说，还是这样做会显得很奇怪？你是否不得不以某种方式继续说话，或者继续正在做的事情？在这种情况下，红灯只是代表着不对愤怒做出反应，但继续手上的事情。
- 当你的愤怒消退到一个低水平时，什么是最好的解决方案？这是黄灯阶段：你的愤怒正处于低水平，你（而非愤怒）正在决定最好的反应方式。
- 绿灯会是什么样子？换句话说，你会说什么或做什么？你会用什么语气说话？

别担心，这不难。实际上，这个过程非常简单且愉快。当然，如果你可以在脑海中预演几次这个流程，那最好不过。就像前一个练习一样：第一步是识别烦躁和愤怒（红灯），随后试着让烦躁和愤怒降低到一定程度，思考最佳的解决方式（黄灯），并且最终按你的想法去行动（绿灯）。

提示

有一个可能存在的误区,即在红灯的时候,欺骗自己已经变成黄灯了。黄灯的特点是:非常低水平的烦躁和愤怒。有时,黄灯确实可能在愤怒爆发后的半秒就出现。然而,其他时候,是需要很长一段时间的。

总结

在本章中,我们了解到:

- 我们为什么会变得烦躁和愤怒:一个观点认为,低水平的烦躁和愤怒会给我们周围的人提供有用的反馈,而超过这个限度则会适得其反,让所有人都感到紧张。
- 我们如何能让抑制在需要的时候发挥作用,并通过使用交通灯程序采取有益的行动。

作业

本章有两项作业:

(1)第一项是交通灯练习。练习觉察红灯,也就是愤怒的时刻。让它尽可能快地降至低水平(黄灯)。只有这时,你才能思考什么是合理的行动方式。确定了解决方法后,就可以亮起绿灯——将你思考出来的解决方法付诸行动。当然,请记住,不可能一切都如你所愿。

(2)与以往一样,回顾你成功的经验,可以在心里进行,也可以写在纸上。分析成功的经历能为我们指明前进的方向。

Overcoming
Anger And Irritability

第 21 章

如何做出理想的反应

你知道"最后一环"（the bottom line）是指什么吗？这个词最初源于商业用语，表示账目的最后一行，也即最终的利润（或亏损）。领导是否发奋图强，公司成员是否尽职尽责都不重要，如果最终企业亏损了，那么这就是唯一重要的结果。相反，可能一家企业的领导懒惰又无精打采，员工偷奸耍滑，那也无所谓。唯一重要的是，他们最终能否赚取可观的利润。

谈及烦躁和愤怒，也是如此。现在我们来看模型（如图 21-1 所示）中的"反应"部分。关键在于，如果我们的最终反应是可以接受的（即不烦躁、不愤怒），那么我们的信念和心情、事情的诱因、我们的愤怒和抑制等，就都不重要了。理论上，即使所有事情都对你不利，你仍可以做出恰当的反应。

这不仅仅是理论,它确实能够实现。

因此,控制自己的反应,就是控制烦躁与愤怒的捷径。不过,我会更愿意将其视为拼图的最后一块,这样一切都将为你所用。

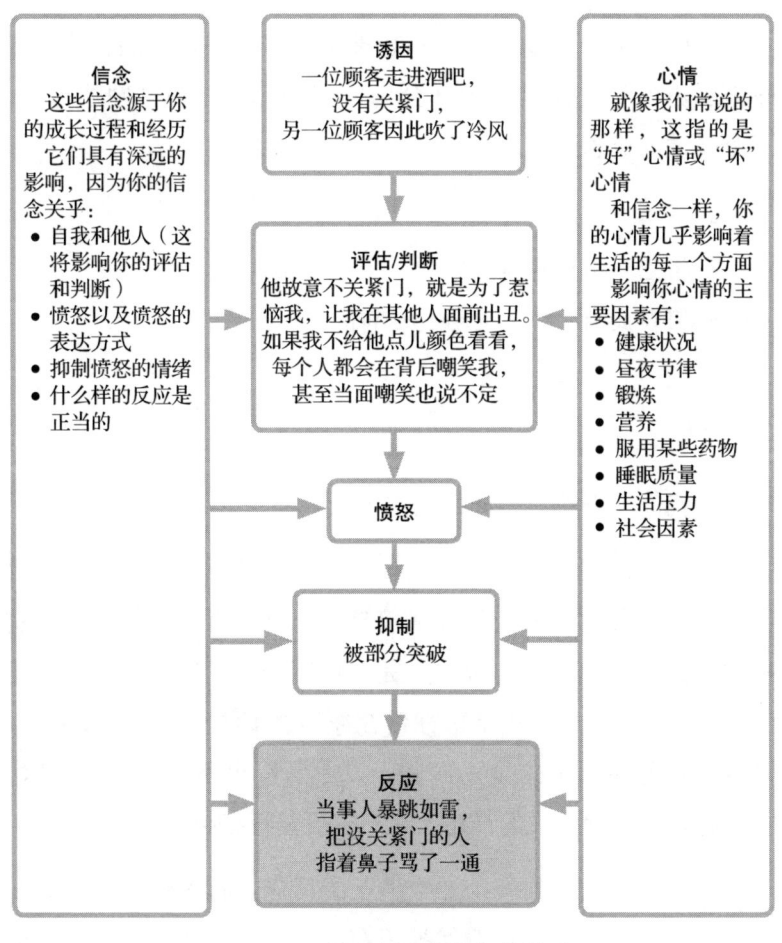

信念
这些信念源于你的成长过程和经历 它们具有深远的影响,因为你的信念关乎:
- 自我和他人(这将影响你的评估和判断)
- 愤怒以及愤怒的表达方式
- 抑制愤怒的情绪
- 什么样的反应是正当的

诱因
一位顾客走进酒吧,没有关紧门,另一位顾客因此吹了冷风

评估/判断
他故意不关紧门,就是为了惹恼我,让我在其他人面前出丑。如果我不给他点儿颜色看看,每个人都会在背后嘲笑我,甚至当面嘲笑也说不定

心情
就像我们常说的那样,这指的是"好"心情或"坏"心情

和信念一样,你的心情几乎影响着生活的每一个方面 影响你心情的主要因素有:
- 健康状况
- 昼夜节律
- 锻炼
- 营养
- 服用某些药物
- 睡眠质量
- 生活压力
- 社会因素

愤怒

抑制
被部分突破

反应
当事人暴跳如雷,把没关紧门的人指着鼻子骂了一通

图 21-1　关于烦躁和愤怒的模型

无论此前的诱因、评估/判断、愤怒和抑制是什么样的，对其他人来说，他们能看到的只有你的反应。你脑子里发生的事情对他们来说并不重要。如果你的反应是烦躁和愤怒的，那么你就会被看作一个烦躁和愤怒的人。同样，如果你以不烦躁、不愤怒的方式做出反应，那么别人也会对你留下类似的印象。

所以，鉴于大多数人都不想被视为烦躁和愤怒的，我们应该怎么办？好消息是，大部分内容我们已经在前文阐述过了。三个关键的概念是：

- 交通灯比喻。
- 树立一个好榜样。
- 回顾成功（和不成功）的事件。

交通灯

让我们先来看看交通灯的比喻。

当你意识到自己将要做出烦躁或愤怒的反应，或者至少这种反应会被其他人视为烦躁或愤怒时，红灯就会亮起。面对这种发怒的冲动，你需要做的是完全停下来。在冲动的时候，不说任何话或不做任何事情。任何在冲动之下的行为都需要停止。只有当你开始思考完全不同的、既不烦躁也不愤怒的反应时，才算做好了继续前进的准备（这一阶段黄灯亮起）。

有时你只能想到一个"合适"的反应。有时想出反应需要很长时间。这仅仅意味着你被困在红灯前的时间比较长。生活中也确实如此，只有在非常偶尔的情况下，你会感觉自己好像要被永远困在红灯里。但最终,有时是半秒后,有时是半周后,你会想到一个合适的反应,这也代表着绿灯即将亮起。绿灯就是做出合理的反应。但请记住,"合适"是你的判断,而不是愤怒之下的决定。愤怒会让你做一些你并不赞同的行为。所以,不要让愤怒掌握话语权,坚持由你自己来掌握。

我们之前讲过洛拉和她粗心的、总是打碎杯子的儿子纳撒尼尔的例子。洛拉描述,当杯子砸在地板上时,她感到愤怒涌上心头,只想对儿子大声吼叫。随后,她意识到这是一个红灯,于是闭嘴不言。这个红灯大约只持续了"半秒",她刚停下来,很快就发现她需要做的只是让儿子把碎片清扫起来。也就是说,洛拉径直到达黄灯,并想到了合适的反应。然后又转向绿灯,她带着些微的恼怒说道:"把它打扫干净,就还是好孩子。"

有"路怒症"的克里斯也是如此。为了解决"路怒"的问题,他开始学习识别红灯。有一次,前面的人猛地刹车,在克里斯看来,这完全没必要。所以克里斯在被迫刹车后,有种强烈的踩油门制造"追尾"的冲动。通过交通灯训练,他学会了识别这种冲动,并避免屈服于它。克里斯的"正确反应"是告诉自己"继续规范驾驶"。绿灯就是将其付诸行动:按照自己的指示,规范驾驶。

模仿榜样

第二个关键概念是为自己树立一个好榜样并努力追随。这也是我最爱的方法之一。有榜样来模仿的好处是,你可以清楚地设想自己可以做出什么样的反应。你所要做的就是问问自己："在这种情况下，他会怎么做？"你只需要参照这个榜样行动就好。

所以，现在花上几分钟，日后你就可以为自己避免无数的困难。所以在这短暂的时间里，你需要做的就是选出一个能为你树立好榜样的人。这里有一些可以帮助你选择的提示。

- 你正在寻找的人，最好与你性别相同，但不是必须。这应该是一个不容易愤怒的人，并且通常做出的反应既不烦躁也不愤怒。不要以容易变得烦躁和愤怒的人为榜样！
- 应该是你喜欢，甚至敬佩的人，一个你会很高兴被认为与之相似的人。
- 你的榜样不一定需要"完美"。总而言之，这个榜样虽然会有缺点，但仍然令你敬佩和喜爱。他很少烦躁，也很少愤怒。
- 你想到的人可能是在现实生活中认识的，也可能是来自电视或广播的公众人物。然而，重要的是，你对他的言行有非常生动的认识，以便能够轻松地模仿。

你可能会找到不止一个榜样，但这不一定是件好事，因为在气头上的时候，你需要有一个清晰的形象来模仿。所以在初始阶段，最好只选取一个人作为榜样，以便在愤怒的时候能够立即想到，这样你就可以迅速问自己，这种情况下他会做什么。

因此，勒米（他的妻子埃拉和其他男人的交际激怒了他）

以杰米为榜样（杰米的妻子米歇尔也比较爱交际，但和埃拉一样无伤大雅）。这对勒米来说非常合适，因为他很了解杰米和米歇尔，知道米歇尔和埃拉有很多相似之处，并且可以预想到，只要自己表现得像杰米一样，那么一切都会好起来。事实上，这样做的效果特别好，因为这之后他们四个的相处更加融洽，且彼此能够有效地相互"学习与模仿"。

之前提到的那个12岁的没做作业的男孩，他的父亲亚伦，以电视剧中的一个中年教师角色作为榜样。这很有趣，但我不觉得这是一个好榜样：首先，这个角色比亚伦年长得多。其次，他是一名教师，帮助孩子完成家庭作业对他来说易如反掌。而亚伦并不熟悉儿子的作业，所以也不太擅长辅导他做作业。最后，这个角色看起来有点儿"过于完美"，所以我担心亚伦可能会给自己设定一个不可达成的目标。令人高兴的是，事实证明我错了，亚伦发现这是一个很好的榜样。即使他无法帮助儿子马里厄斯，榜样似乎仍能支撑他渡过难关。这就是"榜样"的力量。

回顾

你可能会发现这个建议出现过很多次。的确如此，因为它确实非常重要。这是我们巩固所学的方式：回顾好的和坏的事件，并从中吸取教训。

所以，如果你真的让自己失望了（即变得非常烦躁和愤怒），那么，一旦你恢复到正常的自我，就要彻底的反思。在当时的情况下你更愿意做什么?(换句话说,你更希望自己本来可以做出什么样的反应?)是不是应该使用交通灯技术、榜样技术,还是将两者结合起来?将两者结合意味着,在烦躁和愤怒的红灯处停下来,想一想你的榜样,找到合适的反应(黄灯),然后模仿这一反应(绿灯)。

重温的目的是从失败中学习经验。从技术上讲,回顾被称为"认知预演"。它非常有效,因为如前所述,无论是在现实中还是在想象中练习,对大脑来说效果相同。正如穿越丛林时,我们希望可以基于过去的经验,开辟出一条新的道路。同样,我们也希望能够在下一个相似的情景中,不再被习惯或者愤怒所控制,而是做出更理想的反应。

注意事项

在回顾练习中,存在着一个误区——仅仅回想愤怒的场景。千万要小心避开这个误区。我们的主要目的是"从失败中学习经验",下次做出更好的反应。当然,我们总会遇到不顺心的人和事,但这并不意味着一定只能做出糟糕的反应。因此,我们需要重温这个场景,并(在心中)练习自己希望做出的反应。

回顾成功的经历同样重要,甚至可能更重要。首先,这次没有陷入曾经受烦躁驱使的困境,能够做出不同的反应,当然值得庆祝。其次,与上文没能做出理想反应的情况一样,成功的事件也需要在发生后尽快回顾。再强调一遍,切勿仅仅回想令人愤怒的事件。相反,我们要做的是,回想你为什么能做出合适的反应。甚至,你还可以进一步想象如果存在各种其他诱因，自己怎样能够做到用"不烦躁、不愤怒"的方式回应它们。

总结

- 在本章中，我们看到，如果愿意，可以略过其他一切直达"最后一环"：我们的反应。无论遇到什么诱因，我们都要对自己的反应负责。
- 有三种很好的方法可以让你做出理想的反应，这三种方法是相互配合的。
- 首先是交通灯技术。当感到烦躁和愤怒时，你需要停下来。这时一直保持红灯，直到你能想到一个合适的反应（来自你的思考而非愤怒驱使）；这时可以亮起黄灯。一旦你清楚地知晓了这一反应，就可以继续转向绿灯并将其付诸行动。
- 其次是模仿榜样的技术。想出一个特定的人，（据你所知）他总是能在困境中做出很好的反应，也即以一种不烦躁、不愤怒的方式反应。把这个人记在心里，当你面对潜在的可能引起烦躁和愤怒的情况时，像他那样做出反应。最终，榜样将成为你的一部分：你会将这些更好的反应作为好的元素植入自己的个性中。
- 最后是回顾的技术：回顾自己糟糕的反应，更要回顾好的反应。在这两种情况下，你都是在预演未来的反应方式，可以在心中设想可能会引发愤怒的诱因（但要避免陷入重新体验它的误区），并预演你更希望做出的反应。

作业

有两个很好的作业：

- 从交通灯技术开始。敏锐地识别即将到来的烦躁和愤怒，并立即亮起红灯。想一想你树立的榜样，以及他在这种情况下会做什么。这会让你转为黄灯，因为你的脑海中现在有一个非常好的（不烦躁、不愤怒）反应的画面。然后绿灯亮起，继续通行，也就是，由衷地、乐意地执行这一反应。
- 回顾你对可能激怒自己的情况的成功处理，分析自己是如何做到的，并给自己鼓励。如果你愿意，还可以反思反应不佳的情况以及希望自己做出的反应。这两件事都有益处。

这是一个非常有益的作业，如果你全心投入，它将大有裨益。

Overcoming
Anger And Irritability

第 22 章

愤怒时大脑中发生了什么

在本章中,我希望更深入地探究愤怒时大脑中发生的事情。在第 1 章中,我们已经做过一些简单的描述,现在将更进一步,尤其要看看我们能做些什么,来控制大脑原始部分所产生的"即时愤怒"。对原始大脑活动的认识,可以帮助理解我们的愤怒和烦躁,尤其是"身不由己"这一难题。当你与愤怒、烦躁的人交谈时,会发现他们常有"我当时在想什么"等类似的困惑。

边缘系统

想要理解愤怒时大脑的活动,边缘系统是关键。边缘

(limbic)这个词来自拉丁语(peripheral),表示外围,但在这里它与四肢无关,而只是一个术语,用于形容大脑主体外围的一块区域。边缘系统是杏仁核和下丘脑所在的地方,主要负责我们的情绪。卡尔·萨根(Carl Sagan)有时将其称为爬行动物的大脑,保罗·吉尔伯特经常将其称为(进化上的)旧大脑,而我非常喜欢称其为原始大脑。从这些术语可以知道,大多数哺乳动物都被发现有边缘系统。它负责我们的多种情绪、驱力和本能。

因为边缘系统包含杏仁核(amygdala)[这个词是杏仁(almond)的拉丁语——它是一种杏仁大小、杏仁状的结构,负责我们的大部分情绪],我们被愤怒或其他强烈情绪所掌控的情况,有时会被称为"杏仁核劫持",因为此时我们的理性思考能力就好像被劫持了一样。人们也将这种状态称为"一时冲动"或"失去理智"。有些国家甚至在法律上承认这一点,他们将某一类犯罪称为"激情犯罪",这意味着罪犯当时被情绪"劫持"了,以至于他们暂时缺乏足够平稳的心智来做出合理的判断。

大脑皮层

这是大脑的一部分,它努力超越边缘系统驱动的原始状态,让我们变得更加文明。它负责思考、计划、抑制、行动、理解视觉图像以及声音信息,等等。这是我们通常认为的大脑,尤其是当我们将某人描述为"有头脑"时,这意味着他可能会花大量时间在填字游戏、逻辑谜题、深入思考和讨论问题上。

边缘系统与大脑皮层的相互作用

事情在这里变得有趣起来。卡尔·萨根指出，人类的不幸之处在于，大脑的一部分在控制世界后会产生欲望，而另一部分则负责计划如何实现愿望。说到这里，阿道夫·希特勒浮现在我的脑海中。当然，有太多被欲望控制的人，他只是其中之一。

同样，有人无法控制自己攻击和性侵小男孩的冲动。面对这来自边缘系统的驱动力，他根本无法抗拒。他的理性大脑——大脑皮层——最终给出的唯一出路就是自杀，他据此采取了行动。（事实上，他被一个不速之客救下，所以活了下来，在监狱里度过了余生。）这是一个极端的例子，但它确实说明了原始大脑驱力的强大。

我还应该指出，原始大脑并非一无是处，那些随处可见的勇敢和利他行为背后的情绪与驱动力，也同样由原始大脑负责产生。例如，人们离开舒适的家，冒着生命危险前往致命病毒流行的国家提供援助。就大脑皮层而言，这种行为"毫无意义"，它是由我们内心深处的某种东西驱动的。

玛莎·莱恩汉所画的图可能会为我们现在的讨论提供一些基础。她描述了理性思维和情感思维，并将它们画成两个重叠的圆，其中重叠的部分被称为"智慧头脑"，同时包含理性和情感。我们可以在智慧头脑的指挥下，将两个大脑的活动同时纳入考虑。这似乎是一个绝妙的想法，具体应用可见于第13章的"空椅子技术"。

但关于愤怒和烦躁，还有一个问题，原始大脑的运作速度比理性大脑快得多。有时甚至理性大脑还没有来得及考虑这样做是否恰当，我们就已经发怒了。这带来了很多问题。生活中，可能会发生让我们立刻火冒三丈的事情，我们的反应也会同样迅速，而随后常常懊悔。这就是诸如"我当时在想什么"之类的说法出现的原因。实际上，当时我们确实没有思考，这就是重点——反应是来自原始大脑，而不是理性大脑。

那么我们能做些什么呢？从本质上讲，这不是我们可以理性思考并计划如何应对的东西，因为它来自原始大脑。另一方面，我们很清楚，有些时候，原始大脑会更烦躁、更容易被激怒。

如果你保留着我们之前建议写的日记，那么可以分析一下，可能会从中发现一些模式；看看你的原始大脑什么时候最容易被激怒。如果你没有写日记，我推测以下事情可能会让你更容易被影响，例如：

- 生病或疼痛
- 疲倦
- 饥饿
- 醉酒
- 身体不适或近期未进行锻炼
- 担忧
- 抑郁
- 某些人或某些情况

所以，我们至少能够去识别出这些容易被激怒的情况，并尽量减少我们疲倦、饥饿、醉酒、不适、担忧或抑郁的次数。

不过，"某些人或某些情况"是很有趣的一类。你可能发现了，我也曾经受到愤怒和烦躁的困扰。但是，我可以很自豪地说，我已经征服了它们。或者至少，和大多数人水平差不多。不过，最近有一次午餐，我们的餐桌上一共有六个人，坐在我旁边的一位女士让我非常恼火，我不得不找借口换位置。我认为这就是正确的做法，而不是坐在那里努力控制自己的烦躁。完全消除烦躁的最好方法就是换个座位。我认为这是一个非常好的策略，如果有必要，或者你发现自己处于类似的情况，我建议你也这样做。

"某些情况"呢？对我来说，艺术馆就属于这类情况。我受不了它们。这很不幸，因为我的妻子拥有艺术史的研究生学位，并且很喜欢艺术馆。（为了避免你们误会，不是因为我妻子喜欢艺术馆，我才不喜欢艺术馆；我妻子喜欢的很多东西我都喜欢。）除了两个例外（伦敦的国家肖像美术馆和纽约的大都会博物馆），我去过的所有其他艺术馆都会让我陷入一种阴郁易怒的状态。不知道为什么，也许我小时候曾被强硬地拖去这样的地方，从此就把艺术馆和折磨直接联系在一起，谁知道呢。我只知道最好避免去艺术馆，也这样做了。这对我来说不是怯懦的逃避，而是一种生活的智慧。如果你有类似的情况，我会建议你也这样做。（顺便说一句，我的妻子很讨厌汽车展厅，于是也采取了相同的策略。）

更进一步

我列出了一些可能"激怒"原始大脑的因素。这里面是否有些适用于你？如果有，请勾选出来并制订相应的行动计划。你还有其他的因素要添加到列表中吗？以下是之前的列表：

- 生病或疼痛
- 疲倦
- 饥饿
- 醉酒
- 身体不适或近期未进行锻炼
- 担忧
- 抑郁
- 某些人或某些情况

如果你有兴趣，可以搜索一下大脑的图片，看看它实际上是什么样子，看看你是否能找到我们讨论过的边缘系统和大脑皮层。

Overcoming
Anger And Irritability

第 23 章

"我并不总是烦躁，只是偶尔如此"

请做好准备，本章很长。但有两个好消息：第一，它的主题有趣且实用；第二，本章有清晰的小标题，因此如果你愿意，可以选择你觉得最有趣以及与自己最相关的部分来阅读。

你有过那种无缘无故感到烦躁的经历吗？比如虽然现在还"风平浪静"，但你知道，一旦有人做了点儿什么，你肯定"一点就着"。或者和其他人在一起的时候，你感到他们说的或做的任何事，甚至是说话做事的方式，都会激怒你。

也许其他人没有意识到你的这种感觉，也许你能将其隐藏起来——可能是因为阅读了上一章关于"反应"的内容。但你内心依然感觉"很堵"。

通俗地说，这被称为"心情不好"，这一表达是个很恰当的概括。从技术上讲，这种感觉也属于"心情"的范畴。回到第一部分，我们研究了影响心情的因素，即健康状况、昼夜节律、锻炼、营养、服用某些药物、睡眠质量、生活压力和社会因素（如图 23-1 所示）。如果我们能够正确处理这些因素，那么就不太可能发现自己"心情不好"。

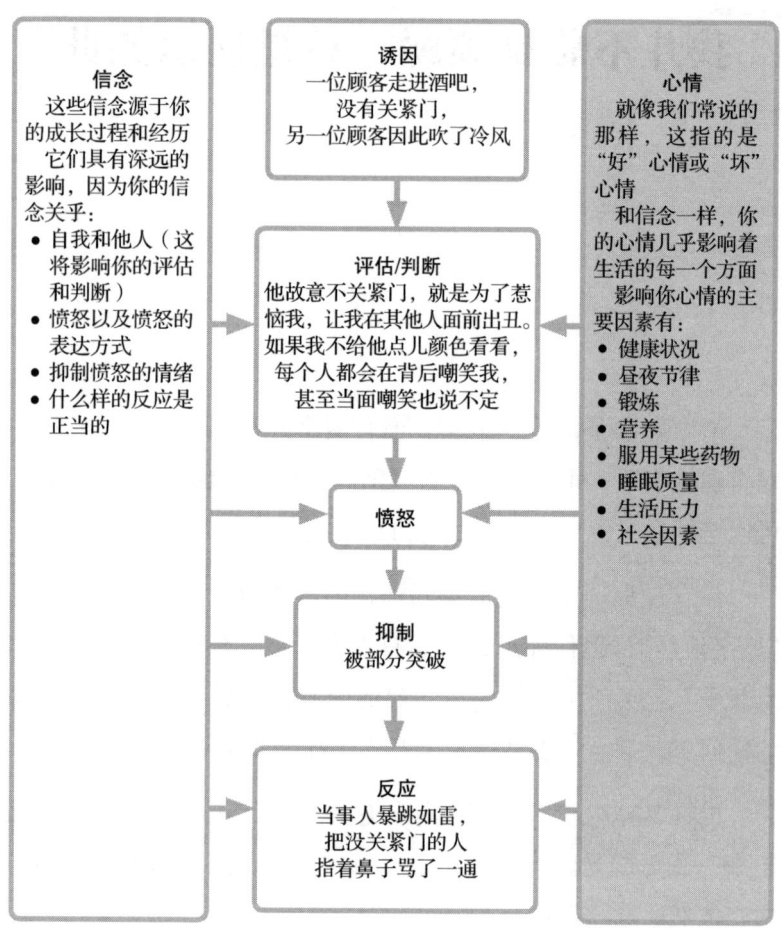

信念
这些信念源于你的成长过程和经历
它们具有深远的影响，因为你的信念关乎：
- 自我和他人（这将影响你的评估和判断）
- 愤怒以及愤怒的表达方式
- 抑制愤怒的情绪
- 什么样的反应是正当的

诱因
一位顾客走进酒吧，没有关紧门，另一位顾客因此吹了冷风

评估/判断
他故意不关紧门，就是为了惹恼我，让我在其他人面前出丑。如果我不给他点儿颜色看看，每个人都会在背后嘲笑我，甚至当面嘲笑也说不定

愤怒

抑制
被部分突破

反应
当事人暴跳如雷，把没关紧门的人指着鼻子骂了一通

心情
就像我们常说的那样，这指的是"好"心情或"坏"心情
和信念一样，你的心情几乎影响着生活的每一个方面
影响你心情的主要因素有：
- 健康状况
- 昼夜节律
- 锻炼
- 营养
- 服用某些药物
- 睡眠质量
- 生活压力
- 社会因素

图 23-1　关于烦躁和愤怒的模型

有趣的是，很多人没有处理好这些因素，以至于他们一生中的大部分时间都心情糟糕，还觉得这是"生活的一部分"。好消息是事实并非如此。好好解决这些因素，让反复出现的"坏心情"成为历史是完全有可能的，而且相当容易。

所以，让我们依次看一看。

作息时间

身体喜欢规律的作息，即大多数日子里，能够在同一时间做同样的事情。"规律作息"并不意味着平淡无聊，不要被欺骗了。相反，如果愿意，你可以过世界上最激动人心的生活，只要你能保证每天都这样做！

吃饭和睡觉是身体需要有规律地进行的两件大事。其中，睡眠可能更重要。所以你需要做的是，尽量在大致同一时间睡觉和起床。

同样，你需要试着尽量每天在大致相同的时间进餐。做到这一点的最好方法是，为自己设定三餐和下午茶的时间（可按你的实际进餐情况进行调整），然后留出半小时的余地。比如，你可能会说自己8点吃早餐，下午1点吃午餐，下午5点喝下午茶，晚上8点吃晚餐，实际上是表示你在上午7:30到8:30之间的某个时间吃早餐，在12:30到下午1:30之间的某个时间吃午餐，在下午4:30到5:30之间的某个时间喝下午茶，以及晚上7:30到8:30之间的某个时间吃晚餐。

之所以强调这一点，是因为我见过一些人，对于每天在完全相同的时间吃饭过于执着,但完全相同的用餐时间会让人感到拘束,而且很难坚持。我建议,在大多数日子里,保持吃饭和睡觉的时间大致相同即可。

如果不规律作息会发生什么?你知道倒时差吗?你的生活就会变成那样,只不过这种类似倒时差的状态将永远存在。时差的发生并不神秘:它与喷气发动机或飞机本身无关,只是一个人在从一个时区移动到另一个时区时,"生物钟"(身体节律或作息规律)被扰乱了。

专业一些讲,这被称为"昼夜节律"——一个以24小时为周期的、身体倾向于维持的规律性节奏。

当你在倒时差时,通常会描述自己"又疲倦又烦躁",这时烦躁是必然的。所以,只要确保自己保持规律作息,就可以大大减少烦躁情绪。

这份作业是为了制订一个非常清晰且强大的作息计划。

第1步:列出以下所有内容。

- 起床时间:
- 第一餐时间:
- 第二餐时间:
- 第三餐时间:
- 第四餐时间(如果有):
- 就寝时间:

第2步:坚持你所写下的时间表,无论如何不要偏差超过30分钟。

第 3 步：如果你愿意，还可以写日记，换句话说就是记录你实际的用餐和睡眠时间。你可能会惊讶于让它们保持规律是多么困难，当你没有规律作息的习惯时尤其如此。但是，坚持，这是为自己建立稳定心情的关键之一。

锻炼身体

你以前一定听说过，身体锻炼的好处多多。这完全正确，生命在于运动。它能振奋情绪，增强各种身体素质，通常具有强大的魔力。

唯一的好消息（如果你和我一样）是，不要求剧烈运动。你不一定非要去体育馆或者去"健身"。散步同样有效。

传统观点认为有氧运动是最好的，但最近的研究似乎表明任何运动都是有益的。所以，尽可能多走路，爬楼梯——一般来说，在你能承受的范围内，尽可能多地锻炼身体。如果你也想去游泳，或者去健身房，或者练瑜伽、普拉提，那么也当然很棒。但是，在没有咨询医生的情况下，不要进行任何过于剧烈的运动。

小贴士

我认识的人经常提到以下三点。

- 人们（女性更多，但不仅是女性）说他们想多走路，但因为鞋不合适而无法做到。但我们这里所说的不是那种专业的徒步，而只是步行往返公交站，甚至爬爬楼梯也算。显然，锻炼与否的关键在于你给予锻炼多大的优先级。你可以把锻炼的优先级提高一点，并确保自己有足够舒适的鞋子来走路，当然，如果鞋子既舒适又美观则最好不过。

- 一些人，白天没有时间锻炼，晚上回家后又太累，不想再锻炼。有点讽刺的是，锻炼本身会让他们感觉更有活力。我们应该试着转变对锻炼的看法（因为实际上"强迫"自己锻炼是很难的），给予它更高的优先级：换句话说，如果觉得晚上太累的话，可以在早上、中午或其他时间锻炼。（反过来，白天的锻炼也会让他们在晚上感觉不会那么累。）

- 有些人倾向于将锻炼与焦虑混为一谈。例如，我知道有个人每天早上赶公交车都故意晚一会儿出发，因为这迫使他必须相当快速地走到公交车站。这很遗憾：锻炼应当是一种自然且毫无焦虑的活动！

与锻炼相关的作业

这也是一个能带来巨大收益的关键领域。

- 最好的作业是简单地记录你的锻炼量。这可以是"适应性"的锻炼，例如在不同的地方来回走走，锻炼只是"和你的日程有机结合起来"。事实上，让它成为你日程的一部分是非常好的主意。这意味着即使你的热情消退，它也不会就此停止。或者它也可以是"计划性"的锻炼：特意去散步、游泳或健身。

- 无论是哪种形式的锻炼，记录你的运动量都是一个好主意。确实，意识到自己"小到看不见的"运动量，也是一件有趣和有价值的事情。

最后一个问题是：需要多大的锻炼量？答案是：随心所欲。我们这些处于"普通"日常生活中的人很难进行大量锻炼。只要确保你的非剧烈运动足够即可。呼吸加速以及出汗，是好事；但明显气喘吁吁或感到不适则不一定是好事。

营养

在大多数西方国家，人们肯定会摄入大量热量。但是，你的饮食习惯是否健康有益，仍然值得商榷。

关于什么是好的饮食，信息似乎经常是相互矛盾的，这有时让人们想要放弃讲究，想吃什么就吃什么。这很遗憾，因为合理均衡的饮食其实很简单。

当前传统观点的精髓总结来说就是，食物主要可以分为四类。

（1）水果和蔬菜。
（2）面包、米饭、土豆、意大利面等高碳水食物。
（3）鱼、肉、禽等高蛋白食物。
（4）多脂鱼、牛油果、鸡蛋、牛奶、坚果等高脂肪食物。

这四类食物我们应该全部都吃。吃任何一类食物都没有"错"，需要注意的是各类的配比。

除非你被明确诊断为对某类食物过敏（例如某些人对坚果过敏），否则刻意不去食用某类食物可能是错误的。例如，刻意避免摄入胆固醇可能不太明智，因为已有研究证明胆固醇水平过低与情绪低落有关。（但是，同样，摄入适量的胆固醇并不意味着一定要吃很多饼干和巧克力，一些最优质的胆固醇存在于多脂鱼类中，例如鲭鱼、鲱鱼等。）同样，缺乏任何一类食物都已被证明具有不利影响。

接下来是：你消化食物的能力如何？毫无疑问，从小你就被告知应该细嚼慢咽——这很对！口腔会分泌消化液，而且咀嚼还会刺激消化道中其他消化液的产生，这样，肠胃对于即将到来的食物建立了相应的"预期"。

在吃东西时最好"专心"，而不是一边吃东西一边走路，或者过于投入和别人的谈话等。人们普遍认为，要尽量多吃未经加工的新鲜食物，这样你就可以更好地了解你的身体在某个时间需要什么样的食物。

最后一点，事实表明，有些人的饮水量不够。最好说"水"而不是"饮品"，尽管后者听起来更专业。但如果你从"饮品"的角度来考虑，就会摄入过多的咖啡、茶、果汁、汽水等。最好只是考虑喝"水"。你不必勉强自己喝过多的水，但一定要足够。

与营养相关的作业

没有必要矫枉过正。只需确保以下几点。

- 如上所述，膳食大致均衡。

- 尊重进餐时间、食物以及消化道,让你的身体有机会充分消化你吃的食物!请记住,与其说"吃什么补什么",不如说"充分消化的东西才有用"。
- 喝足够的水。

我说"不必矫枉过正",是因为我不希望你执着于吃什么、喝什么以及怎么吃。但营养确实很重要。因此,如果这是你存在的问题,请好好整理一下。我个人认为它影响巨大。

咖啡因

咖啡因是扰乱情绪的罪犯之一,所以让我们看看它会从何处摄入。表23-1向我们展示了咖啡因的主要来源有咖啡(包括速溶咖啡)、茶(一定程度上能与速溶咖啡相提并论,很多人对此感到惊讶)、能量饮料和可乐。黑巧克力中的咖啡因含量也不低,尤其是当你吃很多的时候!

表 23-1　一些食物和饮料的咖啡因含量

种类	平均咖啡因含量(毫克)
咖啡(5盆司⊖/140克) 　鲜煮:滴滤法	115
鲜煮:渗滤法	80
速溶	65
脱咖啡因,鲜煮	3
脱咖啡因,速溶	2

⊖　1盎司=28.35克

（续）

种类	平均咖啡因含量（毫克）
茶	
冲泡（5盎司/140克）	50
速溶（5盎司/140克）	30
冰镇（12盎司/340克）	70
可可（5盎司/140克）	4
巧克力牛奶（8盎司/227克）	5
牛奶巧克力（1盎司/28克）	6
黑巧克力，半糖（1盎司/28克）	20
可口可乐（12盎司/340克）	45.6
健怡可乐（12盎司）	45.6
百事可乐（12盎司）	38.4
健怡百事可乐（12盎司）	36
百事轻怡可乐（12盎司）	36

咖啡因可以产生巨大的影响，这让一些人惊讶不已。咖啡因已被证明与烦躁相关，而且很多人都知道，摄入过多咖啡因会导致睡眠紊乱和心神不宁。

总之，最好严格控制咖啡因的用量。有证据表明，适量的咖啡因（大约每天三杯速溶咖啡）具有相当好的抗抑郁作用；一旦超过这个水平，可能就需要考虑减量，回到大约每天三杯的水平。

如果你喝了过量的咖啡（我遇到过每天喝30杯的人），最好的减量方法是首先把现在的摄入量减半，保持该水平一两个星期。然后再减半，再保持一两个星期。如果有必要，就再减半——一直坚持减到每天三杯左右为止。

你很可能会发现减少咖啡因摄入量出奇地困难，因为你很可能有咖啡因成瘾，尽管大多数人并不承认。常见的戒断反应包括头痛和疲倦，总的来说，咖啡因似乎是会消耗而非提升你的能量水平。一些人一到早上或周末就开始头痛，这很可能与咖啡因戒断有关，因为我们可以很自然地想到，一个人通常不会在晚上摄入咖啡因，而且在工作日摄入的咖啡因要比在周末多得多。

总之，要把每天的咖啡因摄入量限制在大约三杯速溶咖啡这一水平。并且，晚上不要喝咖啡，否则它可能会干扰睡眠。咖啡因的"半衰期"约为6小时，所以如果你在下午2点喝杯咖啡，晚上8点时它的效果才减弱到原来的一半，甚至到凌晨2点时，它还有1/4的效果。

酒精

很多关于咖啡因的内容同样适用于酒精。可以小酌，切忌贪杯。

在英国，每周建议饮酒量的最大值为14个单位。也就是350毫升40度的烈酒，或1升（一又三分之一瓶）14度的葡萄酒，或2.8升（略少于5品脱）5度的啤酒。

相比之下，目前美国的建议摄入量是稍微低一些的。康涅狄格信息交换中心（惠勒医学中心的一个项目，由心理健康和成瘾服务部资助）建议人们不要超出"适度饮酒"的范围，并将"适度"定义为女性每天一杯、男性每天两杯，一杯相当于

1.5 盎司蒸馏酒（按体积计算的酒精含量为 40%）、5 盎司葡萄酒或 12 盎司普通啤酒。

我认为终有一天，英国的最大酒精摄入量也会降低。无论如何，如果你的酒精摄入量远超于标准水平，而且发现自己时常被烦躁困扰，那么你真的需要努力把饮酒量降低到这一标准之下。

酒精的真正问题在于会干扰睡眠。与普遍的看法相反，饮酒会损害而非改善睡眠质量。显然，大量饮酒会让你宿醉，即使喝得不多，也仍然会让你在第二天状态糟糕。

与酒精相关的作业

- 这项作业简单明了：将饮酒量降低到建议的标准。
- 显然，这个问题很重要，因为它不仅可以改善你的烦躁，而且可以最大限度地减少酒精对肝脏和大脑造成的损害。
- 如果你能自己解决这个问题，养成少喝酒的习惯，那当然最好。如果不能，一些外部帮助也很必要。你的家庭医生可能会给你推荐一些专业人士，或者你可以与匿名戒酒协会取得联系，即使你没有酗酒，也可以在匿名戒酒协会获得帮助。此外，重要的是，很多人在阅读自助书籍的过程中，收获了比预期更多的帮助。

精神活性物质

这一类涵盖的物质非常多，其中一些可能有相互作用，所以这里我不愿意说太多，而更希望你自己判断。鉴于我们上面所说的"日常消费品"——咖啡因和酒精，以及它们所产生的破坏性影响，如果你正在过度摄入这类物质，大概可以自己判断它们可能产生的影响，以及你最好如何去做。

吸烟

一些研究人员声称吸烟可以减少烦躁和愤怒，而另一些人则反驳说这种效果只对吸烟者有效——换句话说，如果吸烟者烟瘾上来了但又没有烟，他们就更有可能变得烦躁或愤怒，而一旦得到烟，他们烦躁和愤怒的情况就会好转。但是，简单地让不吸烟的人（或已戒烟的人）吸烟并不能减少他们烦躁和愤怒的倾向。无论如何，考虑到吸烟带来的健康风险，建议只会有一条，是什么不言而喻。

睡眠

怎么强调睡眠的重要性都不为过。如果你可以养成良好的睡眠习惯，那么这将对你的心情质量产生重大影响。这里有一些规则，其中很多之前已经提到过了。

- 按时起床；身体喜欢规律。
- 按时用餐；再次强调，身体喜欢规律。
- 避免摄入过多的咖啡因（每天不超过三杯速溶咖啡的量）和过多的酒精（男性每天不超过三个单位，女性不超过两个单位）。
- 在一天中进行适量的体力和脑力活动，尝试打破"感到疲倦—不活动—睡不好—感觉更疲倦"的恶性循环。
- 睡前设置一段放松时间；做一件活动量较低的事情，让你以放松的状态上床睡觉。
- 确保你上床睡觉的时候，既不太饿也不太饱。
- 确保你有规律的就寝时间；再次强调，身体喜欢规律。
- 有些人发现他们躺在床上就能感觉到很幸福。如果你也是这样，那再好不过了——快乐的人比不快乐的人睡得更好！
- 确保没有来自中央空调的或其他东西的噪声，并且确保自己足够温暖，又不会太热。

好吧，这可能并不是一个关于如何改变睡眠习惯的全面说明，但是一个非常好的开始。如果真的能确保同时做到所有这些，那么你肯定不会睡得太糟。只有一件需要额外注意的事：不要强迫自己入睡——即使只是醒着躺在那里，但整夜处于放松状态，你的大脑也会进入不同的模式，你也会得到合理的休息，只要你不强迫自己入睡扰乱这一过程就好。

与睡眠相关的作业

- 无论你是否认为自己有睡眠问题，尽可能睡个好觉都是一个好主意。好睡眠的重要性，怎么说都不为过。
- 因此，尽可能做到上述要点，包括为就寝和起床设置固定的时间，以确保你有足够的睡眠时长，但也不要太多。
- 当然，如果你的工作是倒班制，可能会是个问题。有些人似乎能够很容易地应付倒班的工作，但另一些人则不然。无论哪种情况，请确保你在换班后立即进入新的作息安排。只要你坚持了足够长的时间，身体一般不会因为作息的偶尔变化而过于不安。有一些人则根本无法忍受如值夜班这样的情况。如果你也是这样，那么可能需要采取一些更激进的措施，比如看看是否能换一份不需要值夜班的工作。

不管怎样，尽你所能确保自己睡个好觉。

疾病

如果你正在经历某种疾病，那么这很可能会影响你的心情。

对于疾病，你可能无能为力。让我们假设，为了战胜疾病你正在竭尽全力，无论是短期的还是长期的，身体上的还是精神上的。

这里我们感兴趣的是，这段时间你烦躁和愤怒的程度和倾向。对此，你主要可以做一件事：当有一个人让你感到恼火，并且你怀疑这可能是由于疾病导致的时，确保你清楚地把责任归咎于疾病，而不是那个人。如果你想咒骂任何事情，请针对疾病而不是针对人。不过这种情况下，最好在心里默默地发泄。或者更好的是，确保在别人听不见的地方，随心所欲地咒骂这个疾病。

这里有一个非常重要的普遍规则：应该将责任归咎于真正的罪魁祸首，而不是碰巧出现在附近的替罪羊。

有一种疾病我希望我们能更仔细地看一看，因为它经常与烦躁和愤怒相关。这是一种精神疾病，即抑郁。

抑郁

关于这一主题，我的朋友兼同事保罗·吉尔伯特写了一本名叫《战胜抑郁症》（*Overcoming Depression*）的佳作。然而，就在此刻，不必从头开始读这本书，我会给出一些建议，按需取用即可。建议如下：

- 少想多做。想得太多是抑郁的一大陷阱。许多人在情绪低落时，会沉溺于两种无益的想法。首先，他们沉溺于自己的问题；其次，他们会"反刍"——换句话说，他们反复去想哪里可能出错了。一般来说，想得太多没有什么好处。实际上，越是挣扎着想要爬出沼泽，就会越陷越深。然而，与想法不同，行动通常是有益的。做任何事情似乎都不错。
- 设想一个你想要的未来。无论是短期还是长期，下个周末还是十年之后，对美好未来的期待都是一种强大的抗抑郁药。可以把你想要的东西写下来或者画出来，让这个想法变得更加清晰。无论用什么样的方式，请确保自己对未来，以及如何实现有着清晰的设想。要定期这么做，这不是"一劳永逸"的事。
- 当你思考的时候，要注意你在想什么。

有时人们会花时间想一些让他们不开心的事情。显然，悲伤的事情会让大多数人不开心。美好的事情也是，有时候你会回想曾经拥有过的一段美好关系。然而，当你停止思考时，也可能会感到不开心。试着觉察想法对自己产生的影响，少花时间去想那些让你不开心的事情，多想想那些让你开心的事。

- 养成良好的日常习惯，多锻炼，好好睡觉，保持营养均衡，少服用无益的药物。关于这一点，我们已经说得够多了，如果你能坚持遵守，这会是一个很棒的开始。

- 用快乐和放松的方式向大脑发送信号。我们的躯体动作和说话的方式都在告诉大脑我们是一个怎样的人。故而，我们的一举一动之间，最好散发出"非抑郁"的信号。如果你愿意，可以做个实验。通常，当你感到抑郁的时候，会用一种抑郁的方式坐着。周围的人会说你看起来很抑郁。换一种不抑郁的方式坐着，几乎立刻，你就会感觉到不同。以不抑郁的方式坐着，却又同时感到抑郁，这几乎不可能。如果你表现得很开心和放松，你的大脑就会在一定程度上跟上你的步伐。

- 过好每一天。生活由一连串的日子组成，如果你能过好每一天，那么你将拥有一个有意义的人生。当然，大多数日子里，不想做的事情和想做的事情都会有。最好的口号是："先做最坏的事。"这样，你总是在"下坡"，每件事完成后，下一件都更轻松。反之，如果从最好的事开始，每做完一件事，都将不断迎来下一个"惩罚"。另外，不要试图计划逼自己变得开心，这很可能会失败。快乐是一种难以捉摸的特质，你越追求，它就离你越远。只要试着去完成那些你觉得"有意义"的事情，至少会"让你感觉好一些"的事情，可能会更好。

- 改变环境。当我去拜访患有抑郁症的人时，看到他们的生活环境，我就会想，你会感到抑郁，是有一定缘故的。

任何人，住在这种环境里，都会感到抑郁。通常这并不是因为贫穷，只是没有好好收拾。整理房间方面有三个关键的原则：

①让自己感到安全（你不会绊倒，不会触电，不会撞到尖锐物体，等等）；②让自己感到舒适（舒适的椅子、床、桌子、工作台）；③布置一些你喜欢的、让你感觉很开心的东西（特定的家具、照片、颜色等）。如果愿意，可以进一步观看或收听让你感觉好一些的电视和广播节目。听一些能让你感到振奋而不是沮丧的音乐，等等。

- 整理社交圈。大多数人都是社会性的动物，对社交圈合理分类非常重要。首先，亲密关系对我们来说非常重要。因此，如果你有亲密关系，要尽最大的努力来维系它。努力与你的伴侣建立良好的关系。对某些人来说，哪怕做得不是很好，也应该尽力去试试。警告：如果你感到抑郁，往往也会对你的伴侣失去信心（就像你可能对房子、工作、汽车等感到沮丧一样）。这并不意味着你的伴侣导致了你的抑郁。当然，也不能排除这种可能。但是做事或说话时，请三思而后行。
- 非亲密关系也很重要。仍然是尽力就好，但要建立"真正的"关系。套用肯尼迪总统的话，"不要问你的朋友能为你做什么，而要问你能为你的朋友做什么"。遵循这一准则，人类良好的天性会使你的朋友和你都受益良多。关键的秘诀在于，你应该和朋友有真正的共鸣，而不是"利用他们"假装自己拥有社交生活。
- 对自己"友善一点儿"。有时人们在抑郁的时候会对自已很苛刻。事实上，正是这种过于苛刻的行为引发了抑郁。他们为自己制订僵化、极端、一概而论的规则，比如："我必须被所有人爱着""我做的任何事都要100%完美""如果事情不按我的想法发展，就是糟糕至极"。为了给自己松绑，不妨试着软化这些规则："有一些人喜欢我，真好（但我不可能让所有人都喜欢我）""尽力完成每件事情是一件好事（但有时事情并非尽善尽美）""我希望事情能如我所愿（但话又说回来，生活并不总能如愿）"。我们几乎是无意识地为自己制订了这些规则，所以有时候我们真的需要努力软化它们。

与抑郁相关的作业

- 如果你感到抑郁，并由此引发了烦躁，那么你需要处理自己的抑郁。
- 上文列出的几点可能正与你的情况相符。你需要按部就班地处理好它们。换句话说，先选择其中一个，在接下来的一两个星期里全力以赴地改变。然后再选一个，如此反复，直到全部处理完。这个作业很好，因为它会让你减轻烦躁感，变得更加快乐。事实上，它几乎可以改变生活。
- 如果你想更全面地改善自己的抑郁，可以读读保罗·吉尔伯特的《战胜抑郁症》或戴维·伯恩斯的《伯恩斯新情绪疗法Ⅱ》(*The Feeling Good Handbook*)，这是两本很棒的书。当然，还有很多其他优秀作品。
- 或者，你也可以去看医生。抑郁症非常普遍，有许多成熟的求助渠道。医生也会谨慎将其与一些生理疾病区分开来,如甲状腺功能减退。甲状腺功能减退的部分症状与抑郁的症状相似。
- 在任何情况下,抑郁的生活都令人惋惜,所以务必给自己制订一个有效的计划来解决它。哪怕你已经抑郁了很久,也是可以做到的。

小贴士

记住,无论你患有抑郁症还是有其他身体方面的问题,每当你感到烦躁时,请养成这样一个习惯:将责任归咎于疾病,而不是那个看起来引起你烦躁的人。

生活压力

压力生活事件至少可以分为两种:慢性压力事件,比如过度工作;"创伤性"事件,比如丧亲和离婚。两者都会极大地影响我们的情绪。

让我们先来看看慢性压力。这其中包括诸如过度工作、令你劳心费神的家人(如淘气的孩子、不得不照顾的年迈父母),或你需要费神照顾的朋友。其中任何一件都令人疲倦,多个慢性压力事件叠加或许会成为压垮你情绪的最后一根稻草。

你可以做三件事:

- 减少压力。
- 学会更好地应对压力。
- 从不同的角度看待压力。

稍后我们将依次简要地讨论这几点，但在此之前，还有一个重要的问题需要说明。再强调一遍，和疾病一样，如果你因为"压力过大"而感到烦躁，请正确归因：是工作过度，或者其他什么导致了烦躁，而不是身边碰巧出现的人。

以尼什为例，他是一个压力很大的主管。尼什巨大的压力来自工作，而不是家庭生活。但即使如此，当他回家和妻子娜迪亚在一起时，也会感到烦躁。这意味着娜迪亚几乎做什么都会激怒尼什，不是因为她烦人，而是因为他很烦躁。所以尼什必须学会对他的工作而不是对娜迪亚发火。起初他的做法很笨拙。当娜迪亚问"我们今晚吃什么"的时候，尼什没有不耐烦地回答"随便"，而是说："工作上的种种事情让我烦躁。"一开始，娜迪亚感到很奇怪，因为她问的是"今晚吃什么"。尽管如此，尼什慢慢能够做得更好了，最终他能够在心里坚定地对自己说，他的压力不是来自娜迪亚，而是来自工作。后来，他减轻了自己的工作压力，这当然是一劳永逸的解决办法（但后面还会讲到，如何从不同的角度看待压力）。

我想说的是，去责怪应该责怪的对象，而非身边的人。以及，从根本上解决问题是最好的方法。

现在正式开始吧。第一种方法是减少压力。大多数人的直觉是"说得容易做起来难"，这是有一定道理的。例如，我认识一个叫贾斯敏的女人，她的母亲住在离她几户远的地方，常常需要她提供照顾。贾斯敏说，对母亲的照顾不能减少，所以怎么可能减少压力呢？她似乎是对的，她的母亲确实需要照顾。然而，交谈中我了解到贾斯敏①工作忙碌，②回家后要一个人为丈夫和两个孩子准备一整桌晚餐，③然后去照顾母亲。事实上，在回家和做饭之间，她还设法抽空去看了看母亲。因此，尽管继续照顾母亲是必须的，但贾斯敏可以减少她在其他方面的压力。最终，她决定减少做饭的工作量。虽然，贾斯敏不太愿意把做饭的工作交给丈夫，但她选择了更快、更便捷的菜肴和食材，这使她的工作量减少到一个可控的水平。

减少压力

如果你意识到自己正被太多的压力"压得喘不过气来"，那请回顾一下压力源，并尽你所能地减少压力源。当然，有可能最主要的压力源无法改变，或许只能做到"一小点儿"改变。但是，请不要就这样放弃，你还可以解决其他的压力源。也不要盲目地认为主要的压力源无法改变。有时候，看起来毫无转机，事实却完全不是这样。仔细分析一下，看看可以在哪里给自己减压。

第二种方法是学习更好地应对压力。这指的是，你不需要减少压力源或压力程度，只是要采取不同的应对方式。

按说在这里我应该谈谈时间管理、自我指导训练等。但我并不了解你所承受的压力具体是什么，所以直接这样讨论帮助不大。所以我的建议是：

- 试着想清楚你面对的到底是什么压力（这远比看上去要难回答得多）。
- 然后找几个熟人，问问他们是如何应对这些压力的。

例如：

- 如果你因为两个不想睡觉的淘气孩子而感到压力很大，问问别人是如何应对的。他们可以是你的同龄人，也可以是长辈（他们会分享给你曾经的经验）。
- 如果你因为无法在截止日期前同时完成三项任务而倍感压力，问问其他人在遇到类似情况时是怎么做的。
- 如果你有一个精力过剩的朋友，总想带你去新潮的、刺激的地方，这让你感到十分有压力，问问有类似情况的其他人是如何应对的。同样，这个人不需要情况与你完全相同。他可能有一个总是制造负担的朋友，但已经找到了解决方案。也许你可以将他的解决方案用在自己身上。
- 如果你因为失业、找工作或者空闲时间太多而感到压力很大，再问一问和你境遇相同的人是如何应对的。有可能，只是有可能，你可以将各种答案组合出一个解决方案。

学习应对压力

如果你觉得这对你有用，那就好好研究一下如何更好地应对压力吧。这里的关键在于：

- 能够非常清楚地识别出是什么让你感到有压力。
- 能够向一个或多个可能为你提供解决方案或部分思路的人讨教经验。
- 制订一个适合自己的个人计划。
- 有执行个人计划的决心。

应对生活压力的第三种方法是从不同的角度看待它们。

举个例子。我有个朋友对孟加拉国很有好感。他十分同情孟加拉人民以及他们在洪水、暴风雨和狂风中所遭受的苦难，常常为该国的死亡人数和持续发生的苦难感到震惊，并且他会定期为孟加拉国相关的援助项目捐款。

但是，他对这些沉重的事实并不忌讳。相反，每当遇到问题时，他就会说："这个困难，跟孟加拉国的问题相比根本不算问题。"虽然听起来简单，但这显然对他产生了很大的影响。这是他"重构"自己的问题的方式。

显然，这是"这个世界上，有很多人比你过得更糟糕"的另一种说法。对于我的朋友来说，"孟加拉国"的说法更好，因为它更加具体。我的朋友确实可以在脑海中试图向孟加拉国的某个人解释他的问题，然后发现自己的问题在他们看来是多么地微不足道。这种方式，能够完全说服他。

重构的另一种形式是，或者更具挑战性的形式是，质疑长期以来的一个假设：压力是有害的。最近有一些杰出的研究表明，并不是压力对我们有害，而是认为压力有害的观点对我们有害。凯利·麦格尼格尔（Kelly McGonigal）的一项多年追踪研究表明，那些处于高压下但不认为压力有害的人比处于中等压力下的人活得更长。活得最短的人是那些处于高压下同时也认为压力有害的人。我个人对这个结果很满意，因为我一直过着相当高压的生活，并且认为压力是不好的，但事实证明，也许并非如此。只要我们不认为压力是有害的，承受多大的压力也许并不重要。

重构压力

- 如果你能学会重构问题，它会是一个非常强大的工具。当你准备好运用它时，它将能够迅速且持久地改变你的认知和感受。
- 看看上面的例子和你自己的情况是否有相似之处。你会如何重构自己的处境？
- 注意：这不仅仅是一个脑力练习！如果你找到了重构自己处境的方法，就必须坚定地去做，养成以全新角度看待自己处境的习惯。

社会因素

作为社会性动物，我们人类的心情很大程度上受到社会生活进展的影响。

关于社会生活，必须考虑三个主要方面。

- 我们最亲密的关系：对于成年人而言是伴侣；对于小孩而言，可能是同龄人、父母或其他监护人。
- 工作或事务中的社会关系。
- 亲密关系和工作关系以外的社会关系，即与朋友、邻居等的关系。

要想长期保持良好的心情，我们需要尽力培养这三类关系。不是"利用"他人，让自己看起来拥有社交生活，而是对与人交往保有真正的兴趣，从而为自己打下坚实的社交基础。

然而，不可避免的是，在某些关系领域会出现问题。例如，你可能在工作中与老板、同事、客户或其他人产生矛盾。在这种情况下，最常见的错误就是回家后对家里人发火。也就是说，你把问题从一个领域转移到另一个领域，问题立刻翻倍。

抛弃这种错误的习惯、养成好的新习惯并不难。我们必须接受，矛盾难以避免，例如，工作关系中会不时出现冲突。那么，关键在于，我们要训练自己在回家后及时"换挡"：换到一种对家人的支持充满感激的模式，或者至少换到一种与工作状态完全不同的模式。

反之亦然，不要把家里的问题转移到工作或朋友关系中去。如果某个关系领域暂时出现问题，请确保不要波及另外两个。

而这正是马娅步入的陷阱。她是一个抑郁、烦躁的青少年，因为她和男朋友的问题不断，所以，在家里，她会因为"男朋友的问题"而对父母和哥哥发火。这样一来，她就疏远了那些本来会支持她的人。

对我来说，马娅是一个特别有趣的例子，因为她马上就掌握了这个理念。作为治疗师的我非常满意，因为我可以看到认可这个理念给她带来的直接影响。她立即意识到自己之前做法的不妥，她认识到当她为男朋友的事情难过的时候，应该把更多的精力放在（好的）家庭关系和朋友关系上，并且据此采取了行动。

与社会因素相关的作业

这个作业有两部分:

- 第一,如果有必要,在三个关系领域建立你的社会支持:亲密关系、工作关系(如果你工作了)和其他关系,如与你的邻居和朋友的关系。
- 第二,时常提防把冲突从一个领域带到另一个领域,从而导致冲突翻倍的陷阱。当你在某个关系领域遇到麻烦时,正是你依靠和培养另外两种关系的时候,意识到这一点可以帮助你绕过这个陷阱。

总结

这一章很长,我们探讨了心情对烦躁和愤怒的全方面影响。在没有明显诱因的情况下,正是心情的波动导致了"烦躁不安"这种不愉快的感觉。事实上,当你感到烦躁时,几乎任何事情都会惹到你。

心情不是随机变化的。你可以通过以下方法来维持良好、稳定的心情。

- 养成良好的昼夜节律或日常作息,特别是有规律地饮食和睡觉。
- 锻炼身体——任何运动都可以!
- 饮食均衡,吃得好,多喝水。
- 少摄入咖啡因(每天不要超过大约三杯速溶咖啡)、酒精、尼古丁和其他精神活性物质。
- 形成健康的睡眠模式。

- 如果你的烦躁是由疾病引起的，那么你需要尽可能医治疾病；如果做不到，那么一定要把你的烦躁归咎于疾病，而不是周围的人。
- 可以通过以下方式减轻生活压力带来的影响：①消除部分压力源——不一定是最大的那个；②学会如何更好地应对压力，包括询问他人应对压力的方法；③重构压力，认识到除非你觉得压力是件坏事，否则压力没什么不好！
- 维系你社交生活中三个关键的关系领域，当你在其中一个领域遇到麻烦时，确保不要波及其他两个。

作业

- 本章中已经列出了许多单独的作业。现在有一项愉快的任务：通读本章，找出与你密切相关的部分，并完成该部分提供的作业。
- 保持心情稳定是一项非常艰巨但也非常有益的任务。它不仅会让你不那么烦躁，还会让你的生活永远充满阳光！

Overcoming
Anger And Irritability

第三部分

实践应用

从了解"愤怒与烦躁"意味着什么,到了解情境中的"愤怒与烦躁",我们已经并肩走过了一条漫长的道路。现在我们已经准备好面对更复杂的情境,所以第三部分的主题是:收获。在本部分,你需要综合运用所学知识来分析一个有趣的个案,并且尝试举一反三,将经验迁移到你的真实生活中。

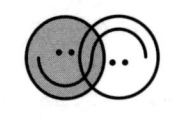

Overcoming
Anger And Irritability

第 24 章

个案分析

了解大发雷霆或者失去理智的原因很重要。安迪说，大发雷霆后，他要花上两天左右时间才能平复情绪。斯特凡妮（安迪的妻子）补充道，那段时间里，安迪看起来很奇怪。这正是我们说的"杏仁核劫持"现象，大脑被愤怒吞没。可能许多正在读这本书的人也深有同感。

想不想玩个猜谜游戏？接下来，我会逐步提供九条相关线索，请你试着猜一猜是什么让安迪失去了理智。随后我会给出分析，供你参考。

故事要从一个位于塞浦路斯的叫作"帕福斯"的小镇讲起。假期到了，安迪与斯特凡妮决定旧地重游，回到帕福斯，一个几年前他们曾经到访过的小镇。途中，安迪与斯特凡妮在一家小咖啡馆吃午餐,并且难得地在午餐时间点了一瓶红酒。

午餐和红酒的品质都让人失望。当他们结账离开的时候,安迪突然失控并开始对斯特凡妮口出恶言,远超出了他们争吵的明显原因。两年后的现在,当他描述这件事时,他甚至已经忘记了争执的具体原因。事实上,无论导火索是什么,在那个时刻安迪已经完全失控。

问题1:安迪为什么发脾气?试着写下或在心里记下你的答案。

下一条线索。斯特凡妮说,她记得事件的导火索是什么。天气燥热,他们正在喝红酒。斯特凡妮无意间提到,她和安迪正在阅读的书是詹姆斯推荐给她的。她说"这本书很棒,詹姆斯总是很擅长给别人推荐好书"。所以安迪生气了,因为他曾经也推荐了一本书给斯特凡妮,但是她却毫不在意。

问题2:现在,你觉得安迪为什么发脾气?试着写下或在心里记下你的答案。有可能,你已经有了不同的想法。或者,你仍然坚持最初的猜测。

第三条线索。安迪和斯特凡妮前几天搭乘了环地中海旅行的邮轮,那段时间他们的睡眠状况马马虎虎,船上的食物也不如家里的好。实际上,他们习惯了精细的饮食,而游轮上只提供"大锅饭"——毕竟它需要兼顾三千多名游客的一日三餐。在过去三天的旅程中,他们都会在午餐时间喝一杯酒。平常他们不会这么做。

问题3:现在,你觉得安迪为什么发脾气?试着写下或记住你的答案。有可能它是一个不同的想法，也有可能，你仍然坚持最初的猜测。

第四条线索。许多年前，安迪和斯特凡妮曾经在帕福斯共度蜜月。

问题4：现在，你觉得安迪为什么发脾气？试着写下或在心里记下你的答案。有可能，你已经有了不同的想法。或者，你仍然坚持最初的猜测。

第五条线索。安迪曾在17岁时出过车祸，受了重伤。而他当时的女朋友在车祸中丧生。他非常爱这个女孩，并且觉得那场事故有一部分责任在于自己。

问题5：现在，你觉得安迪为什么发脾气？试着写下或在心里记下你的答案。有可能，你已经有了不同的想法。或者，你仍然坚持最初的猜测。

第六条线索。安迪和斯特凡妮在小镇度蜜月的时候，住在一家廉价酒店里。他们曾经开玩笑说，日后经济宽裕，一定要重回故地，入住廉价酒店旁的豪华酒店。吃午餐前，他们的确入住了这家豪华酒店。然而，不知道为什么，安迪和斯特凡妮都不愿意在酒店吃午餐。最终，他们出门找到了一家小咖啡馆。

问题6：现在，你觉得安迪为什么发脾气？试着写下或在心里记下你的答案。有可能，你已经有了不同的想法。或者，你仍然坚持最初的猜测。

第七条线索。安迪在18岁的时候遇到了17岁的斯特凡妮。那时是车祸事故发生后一年。安迪在爱丁堡读大学，而斯特凡妮在纽卡斯尔。于是他们交往了3年，却不常见面。安迪快毕业时，他的挚友们纷纷离开爱丁堡，前往外地工作，所以他倍感孤独。正在这时，斯特凡妮对他说，自己年纪不小了，如果他们不订婚，不如分手。所以他们订婚了。然而，安迪总觉得自己被斯特凡妮利用了。

问题7：现在，你觉得安迪为什么发脾气？有可能，你已经有了不同的想法。当然，你也可以仍然坚持最初的猜测。

第八条线索。大发雷霆那一天，安迪63岁，斯特凡妮62岁。他们已经结婚约40年。

问题8：现在，你觉得安迪为什么发脾气？有可能，你已经有了不同的想法。当然，你也可以仍然坚持最初的猜测。

第九条线索。20年前（或者25年前）安迪曾经出过轨。这段婚外情，大约从安迪35岁开始，到40多岁结束。对待这次婚外情，安迪非常认真，并且强调出轨对象让他想起了17岁时因为车祸去世的女友。斯特凡妮知道这件事情。当时他们的婚姻濒临破灭。如果他们的婚姻真的破灭了，安迪就会跟出轨对象光明正大地在一起。

问题9：现在，你觉得安迪为什么发脾气？有可能，你已经有了不同的想法。当然，你也可以仍然坚持最初的猜测。

感觉如何？在刚才的游戏中，大多数人会经历以下阶段：最开始很清楚是什么让安迪大发雷霆。随后，开始动摇，无法确定真正的原因是什么。最终，希望了解更多的信息来做出决策。下面是某人的决策过程。

问题1。这只是一次普通的旅途中的争吵,可能是因为没有睡够以及喝太多酒。

问题2。斯特凡妮说话有些不过脑子,完全没有考虑安迪的心情,但这只是旅途中的一次争执而已。

问题3。证明了我的想法是对的。他们都很累,不想喝酒却喝了不少,所以情绪失控了。

问题4。我坚持原来的观点。曾经来这里度蜜月跟现在情绪失控没有关系。

问题5。这是个悲伤的故事,但可能与主题无关。毕竟是"很多年前"发生的事情。我猜可能安迪和斯特凡妮也已经结婚很多年了。

问题6。是的,再次证明了我的想法。这就是旅途中的一次争执。他们都累了,喝了太多酒,并且事情不如人意。没有在曾经心心念念的酒店吃午餐,最终只是去了街边的一家令人失望的小咖啡馆,所以安迪情绪爆发了。

问题7。我有了新的想法。或许有些痛苦的情感深埋在安迪心中。重回旧地,记忆再现,情绪也涌上心头。

问题8。不,看来我原本的猜测是对的。40年了,安迪的痛苦不会持续这么久吧?

问题9。这再次让我有了新想法。安迪或许一直心怀怨恨。他可能只希望与婚外情对象远走高飞。曾经的感受,在旅途的疲惫、失望的午餐、重回蜜月地的交织下，再次浮现。但这已经是25年前的事情了。或许安迪已经忘了她？也不一定。我不能确定安迪发火的原因了，需要更多信息才行。

事实上，"你觉得安迪为什么发脾气"是一个很难回答的问题。刚听起来很简单，然而正如这趟猜谜旅程一样，你知道的越多，就越深陷其中，茫然无解。实际上，你在情绪失控的时候，也是这样。看起来原因很简单，但是仔细推敲后，却发现它们千丝万缕、极其复杂。

现在，我想邀请你一起试着运用个案概念化的方式——一种顶尖心理健康专业领域人士会使用的方式，来了解问题的全貌。这并不难，通常，咨询师会把问题拆解成两个部分。

（1）有什么易感因素让这个人容易失控？
　　具体来说：从个人的人生经历来看，有什么因素让他们容易在特定情况下爆发？
（2）有什么诱发因素激怒了这个人，最终让他失控？
　　具体来说，爆发的诱因是什么？

我们先从安迪入手，稍后可以代入你的实际情况。（顺带说一句，"爆发"听起来很糟糕。但如果你有机会看到，当一个人失去理智时，他的神经元放电率是怎样的，就会意识到"爆发"是个非常具象的形容词。）

回到安迪身上。有什么易感因素会让他容易失控？以下是一些可能的原因。

（1）可能在 17 岁那年发生车祸后，安迪患上了创伤后应激障碍。也有可能，失去女友，让他出现复杂性哀伤。从此之后，他和任何女友以及妻子的关系都十分脆弱，重回蜜月地更是加重了他的负面情绪。

（2）当时天气很热。连续几晚，安迪的睡眠质量都很差，而且没有足够的营养，还持续喝酒（甚至可能是劣质酒）。虽然不如 17 岁的车祸事件影响深远，但是这些近期的因素，也让安迪变得更容易爆发。（在第 8 章中，我们曾探讨过这些生理方面的因素）。

（3）"思维错误"也在作祟。安迪或许将爱情过度理想化。因此，他可能会觉得"如果女友没有因为车祸丧生，而我娶了她，或者跟后来的婚外情对象走入婚姻，生活就会像童话般美好"。然而现实可能是：5 年后，她会出轨而离开安迪。谁也不知道会发生什么。安迪本应该考虑到这种可能性，但他满脑子只有童话般的结局。

如果他确实存在着夸大的"理想化爱情"，它可能用一种不那么极端的方式在生活中表现出来。比如说，安迪可能会幻想着，几年后，他和妻子已经财富自由，再访蜜月地时，他们会去住最好的酒店，点一顿丰盛的午餐。然而在现实生活中，安迪和妻子没有实现这一点。当然，可能是无法做到，也可能是不想去做。总而言之，现实狠狠地碾碎了安迪的完美幻想，带来了无尽的失望。

或者也有可能，安迪的思维错误并不是夸大的"理想化爱情",而是他认为自己必须为妻子提供富足的生活。40年后,再访故地,安迪发现他们的"进步"不过如此,仅仅只能够在一家提供劣质饮食的街角咖啡店里用餐。因此,这个矛盾本身被过度放大。

以上是一些重要的易感因素。那么诱发因素有哪些呢?

(1)其中一条是:糟糕的午饭、咖啡和酒。当然,糟糕的食物在其他场合并不一定是诱因。毕竟安迪提到,他曾经去过许多差劲的咖啡店,吃过不少令人失望的午餐。

(2)另一条是:图书事件。斯特凡妮在度假的时候,给安迪分享了书里的一些内容,他们都很喜欢这本书。而这本书,恰恰是詹姆斯推荐给他们的。斯特凡妮提到"詹姆斯总是很擅长给别人推荐好书"。因此,安迪有种被冒犯的感觉。毕竟斯特凡妮对于安迪曾经推荐的书毫不在意,却异常在意詹姆斯推荐的书。

所以关于"你觉得安迪为什么发脾气"这个问题,更全面的答案如下。

直接原因是:妻子的评价暗示着她认为,詹姆斯推荐的书比安迪推荐的更值得阅读。

此外,那段时间正值安迪和妻子睡眠质量差、连续午间饮酒、天气燥热、营养比平时缺乏的日子。

事情发生在一个令人失望的、饮食难以下咽的街角咖啡店,在这个特殊的时刻,斯特凡妮的那句"詹姆斯总是很擅长给别人推荐好书"就变得格外严重。首先,他们正在重访40年前来过的小镇,可以推测在这漫长岁月中,他们的生活质量仅有微弱提升。曾经是廉价旅馆,如今是廉价咖啡店。雪上加霜的是,斯特凡妮更信赖朋友推荐的书籍,而不是安迪的推荐。与此同时,安迪可能希望共同步入婚姻的是许多年前因车祸去世的女朋友,甚至是20年前婚外情的对象。

但只要一点点的改变,就可以使事情全然不同。如果他们在豪华酒店吃午餐,可能会意识到:这么多年的婚姻旅程中,他们从廉价酒店住到豪华邮轮,在最好的餐厅吃饭,认识具有很高文学品位的朋友。生活质量提升了如此之多,这是多么值得庆祝的事情。小行动能带来大改变。同样,如果安迪没有过度理想化婚姻,一切也会不同。

关于"为什么安迪会发脾气",或许你已经有了更清晰的了解。我们可以将前后因果串联起来,以全局的眼光看待一系列事件对安迪的影响。当然,安迪也希望自己在日后不要再失去理智。有没有什么方法可以帮助他?比如说,我们可以建议安迪……

(1) 抛弃斯特凡妮,去找20年前的婚外情对象。看看她会不会回到你的身边。
(2) 反思婚姻的意义。意识到:婚姻不是童话故事。知足常乐,只要你们健康、快乐,就是最大的幸福。
(3) 只要斯特凡妮愿意继续跟你在一起,你也可以保留对于婚姻的态度。毕竟,你们已经在豪华游轮上游览,也可能有足够的资金在最好的酒店用餐。与此同时,斯特凡妮正在跟你分享一本书，这本好书是一位品位高雅的好友推荐的。总而言之，你需要意识到，生活很美好。当然，如果能在炎热假期睡个好觉，连续几天在午餐时不要喝酒，摄入更健康的食物，条件允许的话，做一些运动，或许你会更具判断力。哪怕斯特凡妮再说一些令人不悦的话，或许你也不会反应过度。毕竟谁没有说错话的时候呢？

（4）不要想太多。在"行为"和"想法"的矛盾中，先改变"行为"。40年后重访蜜月地，你既可以选择沿着当初的路线再走一次，回味曾经的美好时光，也可以去最好的餐厅，享受一顿美食。千万不要随机选择一间街边的餐厅，在正午的阳光下酗酒。不然哪怕是一点儿小纰漏，也会让你深陷麻烦之中。合理地看待事情，妥善地采取行动——这条原则适用于任何情境。

上面的四条建议，你觉得哪条最合理？没有正确答案。但我认为第四条最合适，第二、三条建议也不错。当然，偶尔有人反思后决定采用第一条，只是我们在临床工作中不会提出这种建议。

安迪的案例有没有给你任何启发，或者让你联想到了自己的情况呢？可以具体想一想吗？

第 25 章

亡羊补牢，犹未为晚

　　航空业在安全飞行方面表现卓越。短短百年时光，他们的发展已经从先驱者冒着生命危险飞向天空，到百万计的旅客乘坐飞机飞向世界各地。千架飞机齐飞，不会坠毁，也不曾冲撞。让我们以史为鉴，从他们当前完备的系统中汲取经验，从而更好地前进。

　　其中最宝贵的经验就是："亡羊补牢，犹未为晚"。每当发生重大险情或事故后，航空公司都会仔细查明原因，深刻汲取教训。时光无法倒流，但同样的错误可以避免。值得注意的是，为了让每个人都能保持开放的心态，他们遵守着"无过错，不指责"的原则。同样，当我们反思的时候，也不应该苛责自己或者责怪他人。

前人的成功经验给予我们启发，拨开了情绪失控的乌云。失去理智固然是一件坏事，但是"今日之失，未必不为后日之得"。如果我们可以从失败中学习、成长，争取减少它的再次发生，危机自然就成了转机。

那么，如何做到学以致用？上一章里，我们已经对安迪的事件进行了深入分析与思考。下一步就是回答关键问题："从现在开始，有什么切实有效的措施，可以防止类似的事情再次发生"。

练习

空难发生后，航空公司会立刻草拟一份报告，建议采取一些举措，以防类似的悲剧再度发生。同样，你会为安迪提供什么建议，以减少类似事情再次发生的可能性呢？对于每条建议，选择"是"代表赞同，选择"否"代表不赞同，请在相应的选项处画圈。记住，你的分析需要专门基于安迪的案例，而不是针对普遍的情况。

（1）不要在 17 岁的时候发生车祸。

是 / 否

（2）尽可能地睡个好觉。

是 / 否

（3）确保充足的营养。

是 / 否

（4）天气炎热时，不要在午间饮酒（劣质酒）。

是 / 否

（5）避免婚外情。

是 / 否

（6）对事情的发展不要有过高的期望。尤其是当你结婚40年，重回蜜月地的时候。

是 / 否

（7）对于给妻子提供的物质生活（生活标准和经济基础），不要有脱离实际的期望。

是 / 否

（8）不要去差劲的咖啡馆。

是 / 否

（9）让斯特凡妮不要说错话。无论是关于"朋友推荐的书"，还是任何其他事情。

是 / 否

（10）不要在意斯特凡妮在读什么书。

是 / 否

（11）不要让詹姆斯推荐任何书给斯特凡妮。

是 / 否

（12）确保在高档饭店用餐。

是 / 否

（13）去找20年前的婚外情对象，看她是否愿意回到你的身边。

是 / 否

（14）纠正对于婚姻的看法：婚姻不是童话故事。彼此健康、快乐，就已经是最好的结局。

是 / 否

（15）用更现实的想法和态度看待你所处的情景，并努力做出与之相称的行为。例如，安迪需要意识到，当下是在和相伴了 40 年的妻子重访蜜月地。
是 / 否

在你提出建议前，请小心下面两个陷阱。

（1）避免时光倒流式建议。我们无法回到过去。
（2）建议的内容不要超出安迪可以控制的事情（如，取决于其他人行为或表现的事情）。

现在试着按照重要顺序从 1 到 15，对上面的建议进行排序。1 代表最优先的建议，15 代表最不重要的建议。这样，如果安迪问你"最优先的建议或首要三条建议是什么"，你都能对答如流。正如航空业一样，当局不会采纳所有的建议，只会选择最重要的几条去执行。

参考答案在本章末尾，在你完成练习前请不要阅读这部分。

你可能会想，为什么要在事故发生后才想着如何改变？当然，航空业也一样不想等飞机相撞之后才采取措施。所以他们会去分析那些"差点儿酿成事故"的事件，避免重蹈覆辙。

同样，我们需要做的是，分析自己身上那些"快要失去理智的时刻"。安迪正在面对一场真正的重大事件，需要花费大约两天才能平复，这甚至成了安迪东地中海假期之旅中最难以忘怀的记忆。而如果像斯特凡妮一样，是你身边的某个人有相似的经历，你亦会有同感。斯特凡妮还能忍受多久呢？显然，这是安迪需要努力解决的问题。我们也是一样，需要发现自己身上"差点儿酿成事故的事件",并把它们当作"重大事故"来分析。

下面是"参考答案"。

(1) 不要在17岁的时候发生车祸。

否。我们不可能让时光倒流,只能立足当下,看向未来。

(2) 尽可能地睡个好觉。

是,这是一个好建议。高质量睡眠是影响愤怒控制的因素之一,而且睡眠显然在安迪的案例中发挥了作用。

(3) 确保充足的营养。

是,请参考上条。

(4) 天气炎热时,不要在午餐时间饮酒(劣质酒)。

是,这绝对是一条有用的建议。不要从中午就开始酗酒,这是常识,当然也是本案例中的影响因素之一。

(5) 避免婚外情。

否,再说一次,我们不可能让时光倒流。

(6) 对事情的发展不要有过高的期望。尤其是当你结婚40年,重回蜜月地的时候。

否。即使安迪持不同的态度,也可能无法阻止事件发生。

(7) 对于给妻子提供的物质生活(生活标准和经济基础),不要有脱离实际的期望。

否,这不适用于安迪的案例。他们看起来有一定的物质基础,所以这不是重要的影响因素。这种人生哲学,或许对于别人来说更适用。

（8）不要去差劲的咖啡馆。

否，这不是一个好建议。安迪说了，他也常常会去差劲的咖啡馆。我们希望能用基于逻辑和证据推理的方式提供建议。从逻辑上来说，如果安迪曾经去过差劲的咖啡馆，并没有发脾气，那么，这就不是一个主要的影响因素。

（9）让斯特凡妮不要说错话。无论是关于"朋友推荐的书"，还是任何其他事情。

否。这不是一个好建议，它取决于其他人的行为和表现。请注意，合理建议的要求之一是：只改变自己，而不是依赖于改变别人。

（10）不要在意斯特凡妮在读什么书。

否。这是一个无关紧要的细节。

（11）不要让詹姆斯推荐任何书给斯特凡妮。

否。这不是一个好建议，它取决于其他人的行为和表现。

（12）确保在高档饭店用餐。

否。安迪也提到过，他们曾经在各种各样的地方吃过饭，都没有让他感到愤怒。当前事件中，还有其他更关键的诱因。

（13）去找20年前的婚外情对象，看她是否愿意回到你的身边。

否。这不是一个好建议。我们根本不知道这位女性的近况，而且安迪和斯特凡妮大多数时候都相处得很愉快。

（14）纠正对于婚姻的看法：婚姻不是童话故事。彼此健康、快乐，就已经是最好的结局。

否。我们讨论过这一点，发现这个改变，能够带来的影响有限。

（15）用更现实的想法和态度看待你所处的情景，并努力做出与之相称的行为。例如，安迪需要意识到，当下是在和相伴了40年的妻子重访蜜月地。

是的，这是一个重要的观察，凸显了安迪特别薄弱的领域。他对自己格外苛刻，希望自己永远完美。然而，生活并不是这样的，我们需要对当下的情境有更合理的觉察和评估，并且做出与之相称的行为。这正是他在这种情况下（以及其他情况下）惨遭失败的地方。这也正是安迪需要成长和学习的部分。

我觉得，前三条需要重点采纳的建议应该是：

（1）天气炎热时，不要在午餐时间饮酒（劣质酒）。

这是一个性价比很高的建议，也很容易实现（我们知道，安迪很少在午餐时饮酒）。为什么要在烈日炎炎的午间饮酒呢？这是一条能带来高回报的建议。

（2）确保充足的营养；尽可能睡个好觉。

为什么不呢？有什么理由阻止你这么做？这是很好的建议。充足的营养、良好的睡眠质量有助于调节情绪。

（3）用更现实的想法和态度看待你所处的情景，并努力做出与之相称的行为。例如，安迪需要意识到，当下是在和相伴了40年的妻子重访蜜月地。

> 这是我最喜欢的建议,很遗憾我不能把它放在第一位。于安迪而言,这个能力需要大量的练习才能获得提升。当然,努力一定会得到丰厚的回报。

对于安迪来说,觉察早期的愤怒或烦躁情绪,并且调整自己的行为,是最有效的策略之一。比如说,某天发生了一些令安迪感到失望的事情。但是,他决定继续工作,并且装作什么事情都没有发生。紧接着,安迪发现自己工作效率极差,而且对自己非常失望。于是,他开始反省自己有没有根据当下发生的事情重新调整行为。很明显,安迪忽视了自己的失望情绪,直接开始工作。因此,他决定休息两分钟,给自己一点儿"处理失望"的时间。有趣的是,这两分钟的休息,改变了一切。安迪的工作效率有了明显提高。类似的例子不胜枚举,觉察当下,有效地提升了安迪对于局势的掌控,并允许他采取相应的行为。

安迪喜欢开车,所以让我们用开车来举个例子。对于不论路况如何都保持每小时81公里左右的车速行驶这种说法,安迪嗤之以鼻。他说,很明显,在现实生活中,你需要根据路况调整方向盘、调整车速。生活正如开车。幸运的是,安迪已经学会了把这个原则应用到生活中。

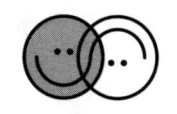

Overcoming
Anger And Irritability

第 26 章

学以致用

我们已经对安迪的案例进行了透彻的分析，其深入程度等同于甚至超出大部分的临床案例研究。现在，让我们看看，你是否能学以致用。

用分析"安迪"的方式来自我分析，应该是一件颇有趣味的事情。首先，让我们回顾一下分析的流程。

（1）回想最近发生的一件让你"大发雷霆"的事情。（当然，你也可以选择一件让自己"濒临失控"的事情。）
（2）拿起纸和笔（或者打开电脑或手持设备）记下让你在那一刻"爆发"的诱发因素，也即"诱因"。（在安迪的案例中，主要诱因是：妻子说了一句欠妥的话。）

（3）写下让你容易发脾气的易感因素。在安迪的案例中，这样的因素有许多。例如，在炎热的午间，背离常规地喝了不少劣质葡萄酒；连续两三晚睡眠质量很差；连续几日缺乏营养；缺乏对当时情境的准确评估，无法做出与之相称的行为——换句话说，40年后重访蜜月地，安迪却选择了一家糟糕的咖啡馆。你可能会发现，易感因素非常有趣。虽然它们扮演着非常重要的角色（甚至有时比诱发因素还要重要），却常常被忽视。大家的关注点总是在诱发因素上。

（4）使用"航空公司调查事件"的方式，列出建议清单，以此避免事件再次发生。

（5）按照推荐程度对清单中的建议进行排序。

（6）确保你会将这些建议付诸行动。

落笔至此，我的心中感到一丝失落。多想在你身边，见证着你写下建议，采取相应的行动。而如果你没有完成练习，仅仅想要继续翻到下一页，我又多么希望能够在你身边，督促你迈出第一步，并且真切地希望你可以看到它将带来的巨大改变。如果你只是任由自己大发雷霆，或者濒临失控。那么你将永无翻身之日。我的意思是，只要做出行为的改变，坚持进行自我分析，他们都会帮助你一点点减少"狰狞面目"出现的可能性，削弱你的"脾气"。

以下是三个要点。

（1）每当你大发雷霆或者快要发脾气时，请确保自己能够完成自我分析。大发雷霆，并不是一件值得庆幸的事。

而进行自我分析，可以有效克制它的再次发生，这是值得庆幸的。

（2）格外留意易感因素。它往往要比诱发因素或者诱因更容易解决。当你试着从易感因素入手解决问题时，效果通常都不错。一般来说，应付它们无须太多工夫。（记住，对安迪来说，最有效的建议是：不要在炎热的午间喝劣质葡萄酒。鉴于安迪很少在午间饮酒，这个事情对他来说易如反掌。如果安迪能够做一些简单的改变，也许就不会再陷入当日大发雷霆的情境中了。）

（3）确保贯彻执行这些建议。换句话说，自我分析后需要采取行动。这听起来容易，然而行百里者半九十，有时我们过于为完成了自我分析而骄傲，却忽略了行动才是最重要的一步——我们总会跌倒的最后一步。有趣的是，往往行动越简单，越容易被人们忽略。

祝你好运！期待你可以行动起来，通过自我分析和练习，真正改变自己的人生。真挚地送上我的祝福和期盼。

Overcoming
Anger And Irritability

第 27 章

检修指南

如果你想要减少烦躁和愤怒，可以采取以下措施，排名不分先后。

解决生理因素

听起来很寻常，但如果你能够维持良好的睡眠、健康饮食，保持运动和规律的日常作息（按时睡觉、按时起床、按时进食），烦躁感会减少许多。烦躁感减弱，愤怒自然也随之减少。如果你做到了这些事情，并且确实感到好转，请不要认为已经"万事大吉"。放弃新习惯，会令你随时回到原点。

同样，无论是短期还是长期的病痛都会增加你的烦躁感。

首先，你肯定需要试着寻求治疗、解决病痛的问题。其次，当你不可避免地感到烦躁时，记得要提醒自己，这是病痛造成的，而不要将错误归咎于身边的人。

审视自己的所作所为

我们很容易将自身的烦躁或愤怒归咎于他人。然而，我们也可以通过改变自身的行为，来阻止自己这样做。例如：

- 我很享受写这本书。直到某天，我惊讶地发现自己突然没有那么享受了，甚至还感到有些烦躁。前天晚上，因为感冒让我的睡眠质量变得很差，而且我也有一段时间没有运动了。怎么办呢？硬着头皮继续干活？抱怨我的烦躁？我想都不是。最好的方法就是先休息一会儿，待会儿再做，或者改天再做。
- 通常，无聊、无所事事也会让人感到烦躁。毕竟，生活的本质在于行动。如果无聊也困扰着你，请查看附录里关于活动的部分。这是我花了不少时间列出的清单，里面涵盖了很多活动——无论什么时候，应该都有一项适合你。
- 对于一些人来说，工作令人沮丧。每天回家，拖着已经被工作折磨得疲惫不堪的身体。精力耗尽的他们，只会对周遭的一切感到烦躁。有时候，哪怕调整一点点工作状况，都能给当下来带来重要的改变。如果做不到，你确实应该考虑换个工作。但是，千万不要把这个当作第一手段。先尽可能尝试其他的方法。很有可能，你只是把烦躁的感觉投射到了工作上，并不是工作真的让你烦躁。

以上的例子也许时常发生在你的生活中，也许并没有。无论如何，审视自己的所作所为总是有意义的。当然，有时候解决方案并不一定是改变生理或心理状态，可能只是需要做一个不同的选择。比如，隔壁的孩子在屋外踢足球，这让你感到烦躁。那么，相比于在室内发火，或许你可以试着出门去跟他们一起玩。

善待情绪

每个人都有伤心、担忧、失望、悲伤、不安的时候。幸运的是，如果等待足够长的时间，积极的情绪总会回来。当我们被消极情绪笼罩时，当然会容易感到烦躁，想对周遭一切发火。如果我们无法意识到自己状态不佳，并对此采取相应的行动，情况只会变得更糟。"相应的行动"是什么意思呢？通常意义上是指：不要对自己过度苛责，用关爱、友善、慈悲的方式对待自己。正如保罗·吉尔伯特的关怀聚焦疗法一样：我们要学会自我关爱。

对周围的环境保持敏锐

有时候，你很清楚是什么引发了烦躁。例如，不整洁的房子、肮脏的车子，或是，坐在餐馆里的时候——每当有人进入，就有一阵冷风吹过。知道了诱因是什么，你就可以远离它，从而远离烦躁。比如，收拾屋子、清洗汽车、换个座位。

然而有时候，并不是物理环境的问题，而是周围的人让你觉得不舒服！同理：远离这些人即可。（如果没有办法远离他们，可以试试下列方法。）

厘清你的思路

有一些有趣的方式如下。

- 改变看待事情的方式。有时候，我们会认为对方故意刁难。但事实上，这种事情的比例很低。通常只是碰巧而已。
- 觉察自己过分敏感的时候——看起来是一件小事，但你反应极大。例如，你的伴侣在满嘴食物时说话。初次见面时，你几乎没有注意到这个细节。共同生活20年后，它却令你抓狂。因此，你需要做的就是（感谢美国酗酒者互助协会，在这里引用他们的资料）：如果能改变，就改变；如果不能改变，就接受。你要清楚，这件事情究竟能不能改变。
- 规范自己的行为。我们有自己的行为准则，并且会创立规则，约束自己的行为。例如，对于大多数人来说都有这样一个规则：不管多么生气，我都不能杀人。这样的规则可以阻止我们行凶作恶。同样，我们也可以给自己设定一个规则，类似于，永远不能因为愤怒而冲别人大喊大叫。一个好的规则是有明确界限的（比如，从不或任何时候），同时，好的规则是经过深思熟虑的。例如，你可以在警示人们注意迎面而来的车辆时大声喊叫，但不能因为愤怒而大喊大叫。

- 你也可以转变对愤怒的态度。例如有些人认为，宣泄愤怒是一件好事。但当他们仔细研究后，会意识到无论是对自己还是身边的人"宣泄愤怒"，都很难是一种愉快的经历。事实上，愤怒会随着时间自然消失。不需要宣泄，愤怒也会自己消失的。

- 人们沉溺于"消遣性愤怒"，因为这会让他们觉得自己充满力量、无比正确。"消遣性愤怒"会让你沉浸在委屈中，幻想如何采取行动来为自己讨回公道。这是一条危险的道路。愤怒会扭曲你的判断力。要知道，愤怒来源于大脑最不发达的区域。这个时候，你最好把自己的想法分享给可靠的朋友，询问他们的建议——并且采纳这些建议。

- 思考你最重要的生活准则——在一个重要的生日庆典上，你希望别人如何描述或介绍你呢，并且依据这些准则生活。这种目标感有助于调整我们当下的感受和行为。

- 改变对他人的态度。例如，如果我们觉得周围的人总是充满敌意或者自私自利，那么相比于认为他人是友善和互助的，我们会更容易产生愤怒。麻烦的是，我们总是坚信"我的信念就是事实"。换句话说，因为我们认为人们充满敌意、自私自利，便坚信，他们本质上就是这样的。然而，我们相信的东西并不一定是事实。试试改变你的想法。虽然很难，可能会花费一定时间，但是很值得。

变成愤怒的专家

同样，这也是一个很有趣的办法，让我们更多地进行自我探索。以下的方法可以帮到你。

- 写日记。可以使用本书中的日记模板（更多请参见附录）。通过这种方法，你可以观察是什么让你感到烦躁和愤怒。知识就是力量：知道诱因后，你就知道应该怎么做了。
- 当你对某个情境感到烦躁或愤怒时，试着进行自我分析。问问自己，是什么让你容易感到愤怒（例如，累了？饿了？或者过度饮酒？）。触发这一情境的诱因是什么（例如，某些人的无礼评价）。你还能做些什么？有什么办法可以帮你预防这件事情的再次发生？（这是一个关键问题，你需要据此采取行动。）
- 用同样的方法分析那些你"濒临"发火的时刻。这是绝佳的素材。在这个时候采取相应的措施，会对你有很大的帮助。
- 回想一下，当你成功克制自己愤怒的时候，是怎么做到的？无论是什么，下次依然这么做！

用关怀、尊重的态度对待自己

有时，愤怒过后，我们会陷入自我批评的状态，失去对自己的关爱和尊重。很遗憾。第一，这是一种不愉快的感受。第二，这并没有什么用。事实证明，用支持和关爱的方式对待自己，要比苛责和自我批评效果更好。

如果你想要帮助你的朋友

我知道很多人买这本书是为了帮助自己的朋友或亲人。这是个很好的主意,而且使用方法也很简单——采用你觉得最相关的章节,或者帮助你的朋友或亲人使用其中的技巧。最后一个提示,"接纳"是咨询行业里面常用的方法。对于愤怒和烦躁的人,这意味着:接纳对方的愤怒,远比要求他们立刻平静更有效。甚至有时候,试着让他们平静下来,只会让事情变得更糟。一如既往,我给大家举个例子。我们住在学校附近,经常有家长把车停在我家车道的入口和出口。这让我非常恼火,但我的妻子觉得无所谓。她的态度并没有让我感到宽慰,而是让我觉得更加恼火。我真正想听她说的是:"是的,这真的让人很恼火,他们根本不考虑别人,我们得出去给他们点颜色看看。"如果她真的这么说了,我反而会试着安抚她,让她平静下来,这样一切都会好起来了!

祝你好运

希望你喜欢这本书,也衷心期望这本书能够帮助到你。我很享受写这本书的时光,也对最后的成品很满意。本书涵盖了许多必要的信息,这些信息能够帮助你成功并且长期地解决烦躁或愤怒的相关问题。

当然,有关于你自身的烦躁和愤怒等问题,也许已经在第一次阅读本书的过程中就得到了解决。如果没有,请在本书中选择符合你情况的内容,并且坚持行动下去,这可以帮助你更好地解决这些烦恼。

需要注意的是,积习难改。你可能会发现自己需要在数月甚至数年内重新阅读本书的某些部分来保持新的习惯。水滴石穿,足够多的练习和长期的自我探索,才能让你收集更多的碎片,拼凑出"一整张地图"。往往在第一次阅读的时候,你可能只挑选了与自己最相关的部分。重新阅读时,你可能会发现其他较为相关的部分。这很值得,也很必要,它能够帮助你发现之前可能错过的碎片，让你心中的地图更加清晰，对自己的了解更加深刻。所以如果你愿意的话，请一定要重读、多读几次。长期并且坚持练习，能够帮助你更清楚地了解自己，看清事物的本质。

当然，如果你是为了身边的人才开始阅读本书的，这非常令人敬佩。但我同时也衷心地期望，你发现这本书也在为你的生活带来新的色彩。

附录

日记 1

请试着记录下你感到烦躁或者愤怒的时间。最好在事件发生后尽快填写。尽可能清楚地记录下是什么原因引起了你的烦躁或愤怒,以及你的反应是什么。

> **诱因**(星期几、日期、时间)
> **反应**(你做了什么)

日记 1

事件发生后尽快填写。

> **诱因**(星期几、日期、时间)
> **反应**(你做了什么)

日记 1

事件发生后尽快填写。

> **诱因**（星期几、日期、时间）
> **反应**（你做了什么）

日记 1

事件发生后尽快填写。

> **诱因**（星期几、日期、时间）
> **反应**（你做了什么）

日记 1

事件发生后尽快填写。

> **诱因**（星期几、日期、时间）
> **反应**（你做了什么）

日记 2

每当你感到烦躁或愤怒之后，请尽快填写下面的空白栏。

> **诱因**：试着描述一下，如果有一台录像机记录了当时的情境，它会"听"到什么，"看"到什么。写下具体的日期（以及星期几）。不要写想法或反应。

_____

_____

_____

_____

评估 / 判断：回忆当时的情境，在这里尽可能清晰地写下当时脑海中的想法。

_____

_____

_____

_____

愤怒：暂时空着。

_____

_____

_____

_____

抑制：暂时空着。

_____

_____

_____

_____

反应：如果录像机也记录了你当时的反应，尽可能清晰地写下，它"听"到你说了什么，"看"到你做了什么。

_____

_____

_____

_____

更有益的评估/判断：还有什么其他的评估方式？为了更好地回答这个问题，请思考你陷入了哪些思维错误（选择性知觉、读心术、非黑即白、情绪化语言、以偏概全）。

_____

_____

_____

_____

如果你有一个无所不知的朋友，他会如何看待这种情况？

有没有可能换一个角度理解当下的情况？（装了一半水的杯子既可以看作半空的，也可以看作半满的。）

权衡当下的情况，你的成本和收益是什么？

_____

_____

_____

_____

日记 2

每当你感到烦躁或愤怒之后,请尽快填写下面的空白栏。

诱因:试着描述一下,如果有一台录像机记录了当时的情境,它会"听"到什么,"看"到什么。写下具体的日期(以及星期几)。不要写想法或反应。

_____

_____

_____

_____

评估 / 判断:回忆当时的情境,在这里尽可能清晰地写下当时脑海中的想法。

_____

_____

_____

_____

愤怒:暂时空着。

_____

_____

_____

_____

抑制：暂时空着。

反应：如果录像机也记录了你当时的反应，尽可能清晰地写下，它"听"到你说了什么，"看"到你做了什么。

更有益的评估/判断：还有什么其他的评估方式？为了更好地回答这个问题，请思考你陷入了哪些思维错误（选择性知觉、读心术、非黑即白、情绪化语言、以偏概全）。

如果你有一个无所不知的朋友，他/她会如何看待这种情况？

有没有可能换一个角度理解当下的情况？（装了一半水

的杯子既可以看作半空的,也可以看作半满的。)

　　权衡当下的情况,你的成本和收益是什么?

日记 2

　　每当你感到烦躁或愤怒之后,请尽快填写下面的空白栏。

　　诱因:试着描述一下,如果有一台录像机记录了当时的情境,它会"听"到什么,"看"到什么。写下具体的日期(以及星期几)。不要写想法或反应。

　　评估 / 判断:回忆当时的情境,在这里尽可能清晰地写下当时脑海中的想法。

愤怒：暂时空着。

抑制：暂时空着。

反应：如果录像机也记录了你当时的反应，尽可能清晰地写下，它"听"到你说了什么，"看"到你做了什么。

更有益的评估／判断：还有什么其他的评估方式？为了更好地回答这个问题，请思考你陷入了哪些思维错误（选择性知觉、读心术、非黑即白、情绪化语言、以偏概全）。

>
> _____
>
> _____
>
> _____
>
> 如果你有一个无所不知的朋友，他/她会如何看待这种情况？
>
> 有没有可能换一个角度理解当下的情况？（装了一半水的杯子既可以看作半空的，也可以看作半满的。）
>
> 权衡当下的情况，你的成本和收益是什么？
>
> _____
>
> _____
>
> _____
>
> _____

一些你可以尝试做的事情：活动清单

在正确的时间做正确的事情，这是战胜烦躁的秘诀之一。有些人清楚地知道自己想要做什么，大部分人则不太擅长，不过借助这个"活动清单"，他们也能受益良多。就像餐厅菜单一样，清单分了几个大类。虽然这份清单涵盖的活动相当全面，但是你依然可以增删或者调整相关内容，让它变得更适合你的情况。

娱乐

- 看电影。
- 看一部纪录片。
- 看电视节目。
- 看一部喜剧。
- 听新闻广播。
- 听娱乐广播。
- 听音乐。
- 看 DVD。
- 去电影院。
- 去剧院。
- 去俱乐部。
- 看一场体育赛事。
- 上网。
- 刷微博。
- 刷朋友圈。
- 看视频。
- 读书。
- 阅读一本杂志。
- 读报纸。
- 玩游戏（纸牌、飞镖、棋类）。
- 做一件自己喜欢的事情。
- 画画。
- 做手工。
- 准备一桌好菜。

锻炼和身体活动

- 散步。
- 拉伸。
- 跑步。
- 去健身房。
- 踢足球、打篮球、打棒球。
- 划船（实地或模拟）。
- 做一些园艺工作。
- 洗车。
- 小憩一会。
- 练习跳舞。

为他人做一些事情

- 帮别人做园艺。
- 帮别人装饰家里或办公室等。
- 帮别人购买他们需要的东西。
- 看望遇到困难或孤独的人。
- 做一些有组织的慈善工作。
- 联络某个朋友或者身边的人。
- 给朋友打电话。
- 给亲人打电话。
- 给同事或前同事打电话。
- 给邻居打电话。
- 拜访朋友、亲人、同事或者邻居。
- 给上述任何一个人发短信或电子邮件。

- 给上述任何一个人写一封信。
- 给别人买个礼物。

舒缓活动

- 泡澡。
- 有意识地放松,做放松练习。
- 练习唱歌。
- 弹奏钢琴或其他乐器。
- 吃一顿健康餐。
- 在城里面走走。
- 去乡下散步。
- 写日记。

精神活动

- 规划职业或未来。
- 畅想未来。
- 幻想过去的美好事物。
- 计划明日日程。
- 畅想你期待的事情。
- 玩填字游戏或数独游戏。
- 学习。
- 看网课或者教育相关的节目。
- 看报纸。

杂务

(注意:有时候做家务也很愉快哦。)

- 整理房间。
- 清扫房间。
- 清理旧物。
- 修理物品。
- 处理财务。
- 做其他家务。

其他

- 去商店买东西。
- 网购。
- 重新安排家具位置。
- 坐车、骑自行车或摩托车去兜风。

相关资源

接纳承诺疗法

Harris, R., *ACT Made Simple,* New Harbinger, 2009.

Hayes, S., Strosahl, K.D., and Wilson, K.G., *Acceptance and Commitment Therapy*, Guilford Press, 1999.

工作中的愤怒与挑衅

Davies, W. and Frude, N., *Preventing Face-to-face Violence: Dealing with Anger and Aggression at Work*, The APT Press, 1999.

抑郁

Burns, D., *The Feeling Good Handbook*, Penguin, 1999.

Gilbert, P., *Overcoming Depression*, Robinson, 2009.

Gilbert, P., *Compassion Focused Therapy*, Taylor and Francis, 2010.

饮食

Davis, C.M., 'Results of the self-selection of diets by young children', *CMAJ (1939),* 257–61 (available online).

正念

Kabat-Zin, J., *Mindfulness for Beginners: Reclaiming the Present Moment and Your Life,* Sounds True, 2012.

情绪

Scott, J., *Overcoming Mood Swings*, Robinson, 2010.

人际关系

Crowe, M., *Overcoming Relationship Problems*, Robinson, 2005.

睡眠

Espie, C.A., *Overcoming Insomnia and Sleep Problems*, Robinson, 2006.

压力

Brosan, L. and Todd, G., *Overcoming Stress*, Robinson, 2009.

McGonigal, K., *The Upside of Stress*, Avery, 2015.

心理学大师经典作品

红书
原著:[瑞士] 荣格

寻找内在的自我:马斯洛谈幸福
作者:[美] 亚伯拉罕·马斯洛

抑郁症(原书第2版)
作者:[美] 阿伦·贝克

理性生活指南(原书第3版)
作者:[美] 阿尔伯特·埃利斯 罗伯特·A.哈珀

当尼采哭泣
作者:[美] 欧文·D.亚隆

多舛的生命:正念疗愈帮你抚平压力、疼痛和创伤(原书第2版)
作者:[美] 乔恩·卡巴金

身体从未忘记:心理创伤疗愈中的大脑、心智和身体
作者:[美] 巴塞尔·范德考克

部分心理学(原书第2版)
作者:[美] 理查德·C.施瓦茨 玛莎·斯威齐

风格感觉:21世纪写作指南
作者:[美] 史蒂芬·平克